像赫本那样优雅

——赫本给女人的21个美丽法则

安然 编著

让女人拥有无穷的魅力与智慧，提升修养，打造气质，规范礼仪，丰富内涵。

她是银幕上演绎美丽童话的闪耀明星。她是优雅、高贵、格调的代名词。她，就是奥黛丽·赫本。她不仅带来了品位、时尚与优雅，还展现了一个女人所能拥有的最美心灵。她有着善良、高尚的人格魅力。

中华工商联合出版社

图书在版编目（CIP）数据

像赫本那样优雅：赫本给女人的11个美丽法则/ 安然编著. — 北京：中华工商联合出版社，2017.3
ISBN 978-7-5158-1951-8

Ⅰ.①像… Ⅱ.①安… Ⅲ.①女性－修养－通俗读物
Ⅳ.①B825-49

中国版本图书馆CIP数据核字(2017)第044558号

像赫本那样优雅——赫本给女人的11个美丽法则

作　　者：	安　然
责任编辑：	付德华　关山美
封面设计：	北京聚佰艺文化传播有限公司
责任审读：	于建廷
责任印制：	迈致红
出版发行：	中华工商联合出版社有限责任公司
印　　制：	三河市燕春印务有限公司
版　　次：	2017年4月第1版
印　　次：	2024年1月第2次印刷
开　　本：	710mm×1020mm　1/16
字　　数：	240千字
印　　张：	14.25
书　　号：	ISBN 978-7-5158-1951-8
定　　价：	36.00元

服务热线：010—58301130
销售热线：010—58301130
地址邮编：北京市西城区西环广场A座
　　　　　19—20层，100044
http：//www.chgslcbs.cn
E-mail：cicap1202@sina.com（营销中心）
E-mail：gslzbs@sina.com（总编室）

前言

她是银幕上演绎美丽童话的闪耀明星。她是优雅、高贵、格调的代名词。她就是奥黛丽·赫本。

她不仅带来了品位、时尚与优雅，还展现了一个女人所能拥有的最美心灵。她的妆容、她的发型和她的小黑裙被无数人模仿；她温文尔雅的话语亦被奉为格言，成为诸多爱美女性的永恒经典。她有着善良、高尚的人格魅力。

从赫本身上我们知道，优雅不仅是一种生活态度，更是一种风度，一种与人沟通时的风度。一位具备优雅风度的女人，必然拥有迷人的持久魅力，这种优雅的风度如纯净山风，悄悄潜入心灵，给人留下美好的印象。

优雅是女人的一种气质，是由内而外的自然流露。优雅的女人要有充实的内涵和丰富的文化底蕴，这是外表之外的境界。优雅是一种风骨，一种气度。这种风骨包括文化品位、气质内涵、品行修养等诸多因素，它是一种由内而外折射出的女人个性的光彩。优雅不但包括美丽、聪慧和自信，还包括善良、宽容和豁达。优雅这门功课，讲究的是一种境界，一种心灵的自我完善，它需要女人用一生的时间去修炼、去感悟、去打造。

优雅是每个女人一生的功课：没有美丽，做到优雅，便能超越美丽；有了美丽，做到优雅，美丽才能历久弥坚。如果你不够漂亮，一位彩妆师10分钟内就能让你从"丑小鸭"变成"白天鹅"；如果你不够时尚，一位造型师10分钟内就能让你从"麻雀"变成"凤凰"。但优雅绝对无法一蹴而就，优雅更多的不是形容外表，而是形容一种修养与内涵，它包括自信、乐观、知性与友善等许多内容。

优雅的女人衣着时尚，妆容精致，神采飞扬，风姿绰约；优雅的女人平和内敛，从容娴静，不矫揉造作，不喜张扬；优雅的女人，大都遵从自我意愿的选择，将气质品位自然流露。但优雅不是先天的恩赐，而是后天努力的结果。

优雅的女人最有魅力。她们明理、通达，又有品位；她们成熟、独立，又带点个性；她们智慧、敏感，又带点风情。她们既内敛又妖娆，既含蓄又张扬。她们有着善良美好的心灵，她们善于平衡自己的心理，她们有一种处乱不惊、以不变应万变的心态，她们有较强的领悟力，大到人生命运、小至日常生活，她们懂得对大小问题如何把握分寸，能够做出明智的抉择。她们不是世界上最有钱的人，但她们是最富有的人。

每个女人都应该做到两点：有品位并且光芒四射。青春会逝去，但优雅的风骨会永存。

本书旨在让女人培养无穷的魅力与智慧，提升修养，打造气质，规范礼仪，丰富内涵！

目录

>> 法则 1 快乐
快乐独立的女人是一缕春风

>> 法则 2 健康
情绪、心理、身体适当放松，让自己更美丽

>> 法则 3　爱情
爱情常青，做一个会爱的女人

>> 法则 4　家庭
用心修得好性情，让婚姻浪漫一如初见

>> 法则 8 声望
优雅得体的言谈举止是女人的法宝

>> 法则 9 仁慈
爱心无限，幸福无边

>> 法则 10 事业
在工作中散发光彩

>> 法则 11 提升
在进取中追求完美

法则 1 快乐

快乐独立的女人
是一缕春风

赫本告诉你 >>>

> 如果我的世界明天消逝，我会回顾所有我有幸拥有的快乐、兴奋和精彩，不是悲伤、失败，而是所有事物愉快的一面，这样就足够了。
>
> 我喜欢修指甲，我喜欢打扮，我喜欢哪怕在闲暇时也涂唇膏穿盛装，我喜欢粉色。我相信快乐的女孩最漂亮。我相信在一切陷入混乱时仍应保持坚强。我相信快乐的女孩是最美的女孩。我相信明天的太阳是新的。我相信奇迹的存在。

幸福，是一种感觉而不是视觉，别人看到的未必真是幸福，只有内心真切感受到了才是幸福。世上有很多事是无法提前的，唯有认真地活在当下，才是最真实的人生态度。

活在当下，美好不一定在远方

天有不测风云，人有旦夕祸福，人生很难有完美的旅程。一个乐观聪明的女人懂得去寻找快乐，并放大快乐来驱散愁云。快乐女人遇上高兴的事，会迅速传达给亲人和朋友，在分享中让快乐的情绪感染更多的人。她不会为自己和家人设置心灵障碍，不会让琐碎的小事杂陈心头。

生活中总有让人觉得不如意的时候，女人要学会寻求快乐，适当地激励自己，调整心境。其实快乐无处不在，生活中时时充满快乐：买到自己喜欢的漂亮衣服；吃到自己想吃的美味食物；想睡的时候，睡一大觉；想玩的时候，尽情去玩；有自己喜欢的宠物；有无话不谈的知己……只要有其中之一，能够随心所欲，就可以算有快乐的理由了。

在生活里，有许多东西是人无法改变的，或者说，与其你要改变生活里别的东西，不如改变自己。事实证明，名利思想过重的人，容易患病、衰老和早亡，这类人整日心事重重，愁眉苦脸，几乎没有笑容。名与利本身不是坏事，它可以促使人奋发向上，问题就在于以何种思想来指导名利观。当你从事某项工作获得成功时，如果首先就想到名和利而却又得不到满足时，心理就会失去平衡，产生消极、悲观、愤怒的情绪。

快乐的女人并一定有很多钱，但有的是闲暇、闲情；也许你没有闲暇、闲情，但有的是力量，有充沛的精力与体力，有健康的身体和有价值的生命，有心智来创造愉悦和激情。快乐的女人，首先要做的，就是做自己最喜欢做的事。

幸福是一种心理感受，与年龄、性别和家庭背景无关，而是来自轻松的心情和积极的生活态度。以下就来介绍一些可以让女性朋友快乐的方法。

（1）建立自信心。生活中，得与失时常发生，并直接影响到我们的心境。所以，建立起自信心是十分必要的。

那么，怎样才能建立起自信呢？我们要相信自己，要坚信自己能够成功，每时每刻都保持一种向上的最佳精神状态。

（2）正确认识人生和世界。视野广阔、胸襟开朗和有见地是生活快乐、充实、懂得珍惜和享受人生的基础，尽管有时因生理的节奏或天气、健康的影响而导致出现短暂的情绪低落，也会很快恢复过来。

（3）把自己融入团体之中。人在无聊寂寞的时候，容易胡思乱想、情绪低落。在工作、学习和家庭生活之外，把自己融入团体之中过群体生活，不仅可以学会与别人相处，还可以让自己更快乐。

（4）培养兴趣。人生多姿多彩，如果我们能够在生活中寻找到并热衷于培养兴趣爱好，那么，不仅个人生活更加丰富，而且会越来越觉得每一天都过得很有意义。

（5）不抱怨生活。快乐的人并不比其他人拥有更多的快乐，而是他们对待生活和困难的态度不同，他们从来不会在"生活为什么对我如此不公平"的问题上做过多的纠缠，而是努力去想解决问题的方法。

（6）不贪图安逸。快乐的人总是离开让自己感到安逸的生活环境，快乐有时是在付出了艰苦的代价之后才会积累出的感觉，从来不求改变的人自然缺乏丰富的生活经验，也就很难感受到快乐。

（7）感受友情。友谊是人类文明的象征之一。一个人的生存，如果没有朋友的友谊，就会感到孤独寂寞。人的生存，应该有朋友和友谊。对待朋友，应本着尊重、友爱、信任、互助的态度，努力使友谊纯洁闪光，切不可有私心杂念。遇到不愉快的事情或矛盾时，多与朋友交流，商讨解决问题的办法。空闲之时，也可与朋友做一些有意义的活动，充实生活。

（8）勤奋工作。专注于某一项活动能够刺激人体内特有的一种荷尔蒙的分泌，它能让人处于一种愉悦的状态。工作能激发人的潜能，让人感到被赋予责任，让人有充实感。

（9）生活的理想。快乐幸福的人总是不断地为自己树立一些目标。通常我们会重视短期目标而轻视长期目标，而长期目标的实现更能给我们带来幸福的感受，你可以把你的目标写下来，让自己清楚地知道为什么而努力。

（10）心怀感激。人的生存不是孤立的，而是相互依赖的。在人群中，每个人的思想、性格、品质不尽相同，所表现的言行也各异。抱怨的人把精力全集中在对生活的不满上，而快乐的人则把注意力集中在能令他们开心的事情上，所以，他们更多地感受到生命中美好的一面，由于对生活充满感激，所以他们更感到快乐幸福。

🦋 快乐常在，随心而动

人生的得与失，成与败，繁华与落寞不过是过眼烟云。而永远陪伴我们一生，如影随形、不离不弃的只有心情；如同呼吸，伴你一生的心情是你唯一不能被剥夺的财富。有句话说得好："人，活一辈子不容易，忧伤是活，开心也是活，既然都是活，为什么不开开心心地生活呢？"是啊，为什么要让自己幽怨、颓废、痛苦一生，而辜负这大好年华呢？

父母给予我们生命和爱，可他们迟早会衰老；孩子给我们满足和喜悦，可他们终究会长大；爱情给我们幸福和甜蜜，可我们必须付出一生的代价去呵护；金钱是水中的浮萍，时聚时散；美丽的容貌是绿树上芬芳的花朵，适时绽放、无奈凋谢；健康是魔术大师，能变晴也能变阴；繁华更像是梦一场，曲终人散，觥筹交错的热闹犹如水中影镜中花，没等看清，记住梦的内容，就醒了。原来，能伴随我们一生的是自己的心情啊！所以，拥有好心情便是人生最大的乐事、最幸福的事。

当你拥有一份好心情时，看天是蓝的，云是白的，山是青的，人是善良的，世界是绚丽多彩的；拥有一份好心情，唱唱快乐的歌，跳跳动感的舞，身体充满无限的激情；拥有一份好心情，有实现自己伟大事业自信的力量源泉；拥有一份好心情，能化干戈为玉帛，化疾病为健康；拥有一份好心情，任何年龄的容颜，都会被好心情照亮，美丽动人、魅力无穷；拥有一份好心情，能帮你获得学识，结交良师益友，把握机遇，缔造和谐，成就事业……

要想拥有一份好心情，必须心胸开阔，宽以待人。"开心常见胆，破腹任人钻，腹中天地宽，常有渡人船。"一个人有了如此宽广、豁达的心境，遇事就能"拿得起，放得下"，就能驱散忧虑、恐惧、烦恼、苦闷等萦绕心头的乌云，没有什么"想不开"的事，精神自然会轻松、愉快，心境自然会美好、宽广，就能大度处世，平和待人，营造融洽和谐的人际关系。

千万别小看心情，它能让天地为之动容，自然为之变色。同样的江水，李后主低吟：问君能有几多愁，恰似一江春水向东流。苏东坡豪唱：大江东去，浪淘尽，千古风流人物。湛蓝夜空，一轮明月，有人举杯邀约，对影浅酌；有人黯然泪下，思乡情浓，总是故乡月最明。景无异，异的是心情。

作家毕淑敏曾说过："人可能没有爱情，可能没有自由，没有健康，没有金钱，但我们必须有心情。"如果你渴望拥有健康和美丽，如果你想珍惜生命中每一寸光阴，如果你愿意为这个世界增添欢乐与晴朗，如果你即使跌倒也要面向太阳，就请锻造心情，让我们沉稳、宁静、广博、透明的心，覆盖生命的每一个黎明和夜晚。是的，上苍给予我们同样的生命，我们却选择了不同的生活方式。我们可能活得不高贵，但我们完全可以活得高尚；我们可能无法逃避厄运或人生包含的棘手的问题，但我们可以从容豁达。

心情，是一种感情状态，是一个人对外界各种因素作用于内心的一种感知、感觉和感叹。人只要活着，这种状态就不会消失。心情的历练，是一种自我的超越；心情的锻造，是一种完美的追求。世间百态，物欲横流，不为诱惑所动，不为攀比所烦，心情自然就会好。让好心情相伴一生，这才是人生最大的财富。

拥有了好心情，也就拥有了自信，继而拥有了年轻和健康，就会对未来生活充满向往，充满期待。让我们拥有一份好心情吧，因为生活着就是幸运和快乐。给自己一份好心情，让世界对你微笑；给别人一份好心情，让生活对我们微笑。

好心情不是先天的造就，也不是上苍的赐予，它由人格、品德、教养、才能综合指数酿造，它由渐悟到顿悟，由领悟到觉悟，它是修炼成正果。母育的是身躯，修炼的是心情。心情也需要不断呵护、调理、滋润、丰盈。

不在活得长久，而在活得富有，富有是开心，开心就是福，让好心情与我们时时相伴。

珍惜你所拥有的一切

有两个女人，晓宇和欣怡。

晓宇从小爱做梦，尤其在情感方面，她表现出了十分强烈的不安，男朋友换了好几个。就这样，眼看都三十好几了，还是孤家寡人一个。

相对于晓宇在感情方面的不安，欣怡更喜欢在工作中不断折腾。她总是认为自己的工作不尽如人意，于是长则半年，短则几个月就会跳槽一次，就这样在跳来跳去的过程中蹉跎了岁月，眼看30岁了，还是不清楚自己的职业定位，以及今后的发展方向。

虽然她们两个人的问题不同，所选择的生活方式也大相径庭，但导致的结果肯定是一样的，就是她们都活得很累。对感情方面过分不安定的女人来说，嫁给谁都不能安下心来，日久必易生变，这种女人难有持久的幸福感，因此自己也常常活得很累。

而对在事业、爱好等方面折腾的女人来说，折腾得好，还真有好的希望。但如果老不成功，就会在折腾中最后沦落为失意人。当她们心已倦怠的时候，就宁愿躺在那什么都不做。这种女人在折腾的过程中，可能想法很多，但却经常改变。她们想成功的心比谁都强烈，但很难定下心来朝着一个方向努力。

其实，晓宇和欣怡之所以会这么累，根本原因就是她们想要的太多，而忘了珍惜自己现在所拥有的一切。仔细想来，有些女人之所以活得不轻松，不能怡然自得地享受生活，就是因为她们放不下自己心中的那份欲求，不能扼制时时涌上的贪念。她们总是想拥有的更多，有了房子，又想有车子，而有了车子、房子之后又想有更大、更好的车子、房子……

　　女人们一定要记得，尽量去把握你所拥有的东西，对于那些本不属于你，或是需要付出更多代价才能得到的东西，不如放手或者换种方式来看待。人只能活一辈子，而一辈子的长度只不过是寒来暑往区区数十载。

　　因此，就应该讲究点"活法"。不必活得太累，自己去折磨自己。

　　当你把花在抱怨他人、抱怨自己的时间，把浪费在做明知道没有结果的事情上的时间，把仰望别人幸福生活，心生嫉妒的时间……都用在珍惜现在所拥有的一切，用在享受生活上时，你就会发现，原来生活可以如此美好，你可以如此快乐地生活着。

　　有个女人刚过35岁，可在别人看来她已经足足四十多岁了。当别人友好地和她打招呼时，她会回答"我很好"，可她的表情和声音却分明在告诉别人，"我现在很痛苦，日子过得很不如意。"

　　事实上，她的情况根本算不上糟糕，她的丈夫有份收入不菲的工作，她自己的工作也算体面，孩子也很听话，很可爱。即便这样，她不是整天替儿子犯愁，就是抱怨丈夫对自己不够好。她很少笑，就是应景的一笑，里面也会掺杂着许多苦涩，弄得笑容也变了形，让人看了格外揪心。

　　其实，像她一样不懂得享受当下的女人有很多。有的女人因为虚荣心太强的缘故，而总是有意无意地和人攀比，结果比来比去把自己的优势、长处和好心情都比没了。有的女人永远生活在不幸的阴影中，整天为打翻的牛奶哭泣，好像摆脱过去的不幸对她来说就是最大的损失似的，结果，与人交流的话题是有了，可就在她喋喋不休地诉说自己的不幸的同时，也搭进了许多可以享受当下美好和快乐，可以创造新的美好和快乐的时光。有的女人过于追求完美，结果极尽残忍地苛刻自己，让自己在气喘吁吁中忘记了活在当下的意义，浪费了自己也完全有能力和资格享受的快乐和幸福。

无论如何，持有这三种生活态度的女人都是无法生活得快乐的。

因此，要活得舒心，活得快乐，活得潇洒，就要学会知足，懂得如何把握现在拥有的东西。知足、珍惜就会快乐，只有活得快乐的人，才能看到生活的五颜六色，才能懂得去享受生活。

✿ 让开心主导你的生活

人的情感有"喜怒哀乐"，为什么把"喜"放在第一位？笑也过一天哭也过一天，相信每个人都更愿意笑着度过每一天。偶尔遇到烦心事也很正常，只要记住让开心主导我们的生活，别跟自己过不去。

正是因为人是感性的，才让我们觉得选择是件痛苦的事情，其实我们的生命很简单，只是看我们选择什么样的方式去活着，而开心地过好自己的每一天是最美的生活姿态，可是又有多少人能够做到这一点呢？让开心主导我们的生命，你才会体会到生命存在的意义！

已看惯了太阳的东升西落，月亮的阴晴圆缺；习惯了春夏秋冬的冷暖，世间万物的改变；却很难看淡人间的悲欢离合、恩怨情仇，更难将伤心难过看得云淡风轻。当你把开心当成了一种习惯，就会发现你的开心可以感染很多人。

开心与不开心，都要过一天24个小时，何不开心地度过每一天呢？当然，没有哪个人在面对伤心和难过的时候还可以傻笑，但是，你却可以在最短的时间内去调整自己的心态。

人的一生，总有学不完的知识，总有领悟不透的真理，总有一些有意或者无意的烦心事闯到心里来，总之，一辈子不容易，千万不要总是跟别人过不去，更不要跟自己过不去。有人说，看别人不顺眼是自己的修养不够。想一下也是，因为每个人的出身背景、受教育程度、受社会影响都是不一样的，在你看不惯别人的同时，是否别人也看不惯你呢？所以，开心地去面对每一个人，要学会看别人身上的优点，学习别人身上的优点，别人的缺点正是你最好的反面教材，给你提出警醒。

　　开心不仅仅是心里的感觉，而是因为你有了开心的感觉，于是别人可以从你的脸上读到微笑，读到开心。如果你在生活中比较细心的话，就会知道世间最美丽的表情就是微笑。如果你天天想拥有世间最美丽的表情，那么请把开心当成一种习惯吧！

　　每个人的人生都会经历喜怒哀乐，不良的情绪会让你烦恼，会让你头痛，而开心地生活着，会让你觉得洒脱，既然这样，就请让开心主导你的生活，别再跟自己过不去了！

学会爱己才能爱人，爱自己更重要

我们时常在别人的感受和评价里丢失自我，时常忽略自己身上的闪光点，但是不论你要面对的生活如何卑微，也不要去躲避，不要用恶毒的话语去诅咒它，不要对自己产生失望的情绪。试着在每个阳光明媚的早上对着镜子说加油，试着在跌倒后勇敢地站起来，试着独立坚强地抹掉眼泪，试着告诉自己这个世界上没有谁比你更美好。是的，就是这样，无论现在的你是怎样，但这个世界上只有一个独一无二的你，因此爱自己才是最重要的。

经历过伤痛的人总是会习惯性地躲避伤痛，但是我们要知道，每一个伤痛背后都包含着一个生活的智慧，我们不应该与它对峙，而是要进入它、参悟它，最终领悟到生活的智慧。试着去触摸你的疼痛，试着温柔地关怀你的内心，最终你会抵达心灵深处，找到那个真实的自己。

爱自己就是要告诉自己，世界上总有那么一些事是我们无论如何都不能够完成的。也许在别人看来，这些事他们轻而易举就能够做到，但是对某些人来说，却是十分艰难。那么，你可以告诉自己，不行就是不行，你不能保证自己做一个十全十美的超人，也不能让所有人对自己满意，如果非要如此就必须让自己满身伤痕。所以，你只要在自己的能力范围之内做好自己的事，并且尽量将这件事做到最好。虽然你不是超人，但是你可以超越自己；虽然你不能让所有人对你满意，但你可以做到让一部分人对你满意。

人生有时候就是需要一些不完美，这些不完美有时候可能让我们受够冷眼，受尽委屈，但也是这些不完美，让我们看清事情的真相，明白这就是人生。我们可以勇敢地对别人说出"我不会""我不能"，当然，你不能把这当作逃避的借口和理由，你不能将此视为理所当然的事。我们不怕面对失败，怕的是失败了仍旧不思进取；我们也不怕面对冷眼嘲笑，怕的是面对这些早已麻木。

我们受过伤、忍过痛，但是如果这是成长必须的路，我们可以承受，也必须承受。因为只有如此，你才能真正成为自己世界里的女王，而不是生活在别人的故事里，流自己的眼泪。成为自己世界里的女王，并不是让你孤独地活在一个与世隔绝的环境中，也不是让你用孤傲的双眼看待这个世界，成为自己世界里的女王，目的在于培养自己的自信心，不要仰别人鼻息生活，不要把自己当成一个碌碌无为的人，不要在意别人的目光。你就是你，你可以自己在你的世界里活得很精彩，你在自己的舞台上演着自己的戏，台下的观众可以赞扬，可以谩骂，可以漠然……但无论别人的反应如何，能修改这部舞台剧的人只有你自己，只有你才能决定你现在和你未来的人生应该怎么继续出演，谁可以加入你的人生，谁应该离开你的舞台。

当你自己掌控了你的人生，你才能够学会怎么去爱自己。爱自己就意味着你的人生可以变得更美好，这无论对于谁来说，都是重要的道理，应该去铭记。

法则2 健康

情绪、心理、身体适当放松，让自己更美丽

我曾听说过这样一个说法：快乐就是拥有健康和短暂的记忆。我多么希望这是我发明的，因为说得太对了。

健康的才是时尚的。当你奔波在喧嚣的人群，穿梭于鳞次栉比的高楼大厦间，在忙碌了一段时间后，适当的运动和休闲可以解除你身心的疲惫，保持心理的平衡，寻找到真正的快乐。

身心健康是美丽的基础

身心健康是亲友，身心健康是舒心，身心健康是财富。只有身心健康，幸福才会时刻将自己甜蜜围绕。只有身心健康，才能幸福永驻。

在物质文明高度发达的今天，女人在享受美好生活的同时，由于生活节奏快、工作压力大，身体疲劳等一系列问题，也影响着女人身心的健康，女人们越来越意识到，身心健康才是无法估量的财富，是女人的本钱，是女人学习的基础，是女人事业成功的保障。一个女人只有拥有健康的身心，名利、事业和金钱，才有意义。反之，一个女人如果连健康都没有了，那么所有的一切，对于她来说都失去了意义。

只有身心健康，女人的世界才会充满阳光；只有身心健康，女人才会经营出一份灿烂与辉煌；只有身心健康，幸福才能永驻！

某项社会调查结果显示，在中国职场有六成的工作人员会为自己的健康感到担忧，超过半数的人都觉得健康是职场的基础，对幸福感受会有很大影响，而国信证券小郭的猝然离世，更是给职场女性的健康问题敲响了警钟。

作为国信证券的资深保荐人代表，小郭在去世的前一天，还身穿职业裙套装，亭亭玉立地往来在办公高楼大厦的间；在去世的前一天，还在笑容满面地与自己的同事、领导通电话。任何人，包括小郭本人都不会预料到，她的一生竟如此短暂，如此急促。北大研究生的学历，给她浓墨重彩的内涵化完妆后，她只来得及在国信证券的舞台展示七年才华，便永远地谢幕。

一年前，在孩子即将降生的前一个月，小郭还顶着IPO项目的压力，在宁波出差。为了及时做好反馈材料并且保证质量，她必须要和同事日夜倒班。晚上要看同事们白天准备好的各种材料，然后撰写对证监会发行部门反馈意见的答复，同时还要拟好进一步的材料清单。

为了效率高，只能这么干。小郭觉得晚上安静，有利于思考，而且她已经习惯了。也正是这种合力的配合，小郭所属公司的反馈意见落实得都很及时。作为一个女人，她从没有拖过工作后腿。

可是谁也没有料到，这辉煌的业绩，却在暗暗吞噬着小郭的健康。

一个周末，小郭连续两天在公司加班，回到家后，第二天早上突发心肌梗死，还不满33岁的她，永远离开了丈夫和一岁多的儿子。

公司上下一片哗然，许多同事得知这个噩耗，都觉得难以相信，因为她沉思的目光，还闪耀在同事眼前；因为她办公室的灯光，昨夜还映照出她工作的身影；因为昨天她的声音，还通过电话传递到同事耳边。一个那么熟悉的人，突然没了，谁都没办法一下子缓过来。

看似鲜活、健康的小郭，突然之间就去世了，怎不令人在悲哀的同时，引发关于健康的沉思？

长期超负荷工作、过度劳累、压力过大、生活不规律，都是在透支健康，是引发各种疾病的因素。一项调查数据显示，有65.8%的职场女性觉得工作量大，工作时间长，眼睛、大脑疲劳，颈、腰椎酸疼，还有较普遍的工作人员觉得自己所属的工作内容，外界难以理解。工作消耗时间长，饮食起居不规律，而引起的"过劳肥"，也诱发着职场女性的焦虑等不健康心理。

一个周末，小颖精心地装扮了自己一番，兴致勃勃地参加同学聚会。谁知，她刚一到酒店，许多老同学都惊叫起来："天啊，你怎么都胖成这样了啊。如果是在大街上碰到，我们肯定认不出来。"

小颖听着老同学们的大呼小叫，恨不得找个地缝钻进去。原来的小颖，可是同学们眼中公认的苗条公主啊。她离开校园进入计算机专业领域，成了"IT一族"，每天忙得焦头烂额，也不过一年多时间，居然整整胖了28斤。

也难怪同学们都大呼小叫，认不出她来。

小颖苦笑着："我也不知道是怎么回事。每天都要熬夜加班，许多时候一日三餐都没时间吃，只得吃些饼干、牛奶、麦片等副食，早上6点半就得出门，这么辛苦，怎么不瘦反而长这么胖呢？"

工作压力大、饮食不规律，经常熬夜加班，都是"过劳肥"人群的特点。"过劳肥"的确令人头疼，越忙越肥，真是令人胖得发愁、胖得冤枉，尤其是对于爱美女性，简直是胖得残酷。

如何缓解"过劳肥"，恢复女人的身心健康呢？专家给出的建议是：不要给予自己过多压力，养成早睡早起的良好习惯；坚持每天洗热水澡，缓解疲劳；睡觉前最好不要吃夜宵，更不要暴饮暴食，三餐尽量按时就餐；每天最好抽出40分钟以上的时间做做健身运动。做到了这几点，就会远离职场"过劳肥"。

工作固然重要，但健康永远是第一位的，健康是本钱。平时工作，要注意劳逸结合，保证足够的睡眠，并进行一些适度的运动，如有不适，尽早就医。身处职场，女人要以健康的姿态对待生活，遇到困难，及早打开心扉，让心态保持平和，不要让工作成为心理负担。同时，和谐的家庭关系，对女人健康的影响，也是不言而喻的。

健康是女人事业的基础，只有身心健康，才能笑傲职场，把握幸福。

🐞 远离坏情绪，疏通精神洪流

人们常说："女人是感性动物，男人是理性动物。"女人往往被坏情绪控制，成为情绪的奴隶。女人的坏情绪让男人感觉不可理喻，女人该如何让自己保持稳定的情绪呢？

科学研究表明，"入静状态"能使那些由于过度紧张、兴奋引起的脑细胞机能紊乱得以恢复正常。你若处于惊慌失措心烦意乱的状态就别指望能理性地思考问题，因为任何恐慌都会使歪曲的事实和虚构的想象乘虚而入，使你无法根据实际情况做出正确的判断。以下几点是告诉您如何保持情绪稳定以便迅速进入"入静状态"的方法。

（1）放松肌肉，做一些可以使你轻松愉快的事。当你平静下来，再看不幸和烦恼时，你也许会觉得它实际上并没有什么大不了。

（2）驱除使你忧伤与烦恼的所有言行，保持你在遭受不幸和烦恼前的生活、学习和工作秩序。要记住：你的感觉和想象并不是事实的全部，实际情形往往要比你想象的好得多。

（3）人所陷入的困境往往来源于自身，因此，对自己和现实要有一个全面正确的认识。这是情况突变面前保持情绪稳定的前提之一。

（4）当你被暴怒、恐惧、嫉妒、怨恨等失常情绪所包围时，不仅要压制它们，而且更重要的是千万不能感情用事，千万不能随意做出什么决定。

（5）当你处于困境时，要多想想别人，别人能渡过难关，自己为什么不能调动潜能去应对困难呢？

此外，大量的实践证明，平衡的心理是任何一个面临突变却不被突变所击垮的人所必备的心理素质。平衡心理的主要特征有以下几个。

（1）要学会宽容。人世间没有十全十美的人，人外有人，天外有天，祈求事事精通、样样如意只会促使自己失去心理的平静，所以应先明了你可以稳操胜券的事情，并集中精力去完成它，你定会因此而感到莫大的喜悦。

（2）不要怕工作中的缺点和失误。成就总是在经历风险和失误的自然过程中才能获得的。懂得这一事实，不仅能确保你自己的心理平衡，而且还能使你自己更快地向成功的目标挺进。

（3）不要对他人抱有过高的期望。百般挑剔，希望别人的语言和行动都要符合自己的心愿，投自己所好，是不可能的，那只会自寻烦恼。

（4）要学会让步，适当屈服。自尊心应是柔性而不是刚性的，应承认自己在某些方面不如别人。

（5）多对他人表示善意。为家人、朋友做些力所能及的事，并以此为荣，以此为乐，这样将大大减轻你的烦恼，从而保持心理平衡。

（6）时刻准备应付意外之灾的袭击。心理平衡的核心在于对可能出现的麻烦预先有所准备。这是每一个突变降临时心理仍保持平衡的人所时刻遵循的原则。

🦋 平衡心灵的秤杆，给自己一点心理补偿

自我解嘲是高明的表现，似乎在嘲笑自己，其实不是，那正好显示了你的豁达胸襟，反而让别人对你刮目相看。女人要懂得在适当的时候运用自嘲，从而收到理想的效果。

自我解嘲是生活中常见的一种心理防卫方式，也是一种生活的艺术，是自我安慰和自我帮助的途径，也是面对人生挫折和逆境的一种积极、乐观的态度。其实，自我解嘲是一种很有效的语言工具。学会自我解嘲，幽默而又不失风度，也是摆脱窘境的最好办法。

张芸参加一个大型演讲比赛，因音响故障推至9点半才开赛，而参赛人数多达32个。临抽签了，张芸祈祷自己不要抽到后面的。因为快到中午了，再动听的演讲也不如一碗米饭来得实在。谁料，张芸正抽了个32号，最后一个。张芸倒吸了一口凉气，回到座位上，心里七上八下，听不清带队老师的劝慰，更听不清选手们的演讲，脑子里一片空白，越慌越急，越想不出对策。

果真如张芸所料，过了12点，场下人群开始骚动，而差不多要过半个小时才轮到她演讲。在这关键时刻，一个念头闪过她的脑海。当主持人宣布"有请32号选手上场"时，张芸一扫开始时的沮丧和担心，信心百倍，精神抖擞地站了起来。在讲台上站定后，张芸微笑着用平静的目光环视了赛场一圈，骚动的人群渐渐安静下来，视线也集中到她身上。

这时，张芸不慌不忙地开口了："今天我是最后一个上场，好在我体重比较重，希望能压得住台。"

话语刚落，全场一片笑声，随即是热烈的掌声。饥肠辘辘的听众

以难得的耐心听完了张芸为时7分钟的演讲，并再一次响起潮水般的掌声。

最后，评委团主席点评赛事，说了这样一句话："表现尤为突出的是32号选手，她以她的体重，更以她的实力压住了台！"台下又响起大家默契的笑声和掌声。

自我解嘲其实就是以自己为嘲弄对象，自贬自抑，堵住别人的嘴巴，摆脱窘境，从而争取主动的一种舌战的谋略，而且自嘲自讽、自暴其丑，在一个侧面也显示出了一个人的坦诚。假如一个人勇于暴露自己的问题，揭露自己的缺点，那么在别人眼里，这样的人往往更可靠，因此，聪明的女人们不妨放下自己的矜持，尝试一下自我解嘲，会收到意想不到的效果。

自嘲自讽，是幽默的最高层次，更有着绝好的讽刺效果。因此，聪明的女性在人际交往中要善于运用这个武器。

一、自嘲能帮你摆脱尴尬

自嘲是对着自己的某个缺点或者过失进行嘲讽。嘲笑自己需要一种气度和勇气。当我们勇敢地拿自己开玩笑时，别人也不会让自己孤独自笑，而是表示可以理解并善意地看待你的过失。在人际交往中，假如你用自嘲来对付窘境，不仅能很容易找到台阶下，而且还会产生幽默的效果，使尴尬在轻松的笑声中消失殆尽。

古代有人名石学士，一次骑驴不慎摔在地上。遇到这种情况，一般人一定会不知所措，可这位石学士不慌不忙地站起来说："亏我是石学士，要是瓦学士，还不摔成碎片？"

一句妙语，说得周围的人哈哈大笑，石学士也在笑声中免去了自己的难堪，而且给人留下了机智诙谐的印象。

二、自嘲能为你的生活添加情趣

在一些社交场合，假如能够准确适当地运用自嘲，不但可以增添谈话的乐趣，使气氛变得融洽，而且还能够增进彼此的了解和感情。

胡适在某大学讲课时，引用了不少孔子、孟子和孙中山的话，于是在黑板上写上"孔说、孟说、孙说"。当他发表自己的意见时，他说道："因为我姓胡，就为'胡说'。"并在黑板上写下"胡说"两个醒目的大字。学生们一看，大笑不已，课堂气氛一下子活跃起来。

胡适的睿智和幽默由此可见一斑，这样的自嘲实在是高明之极！轻松地写上两个字，就把紧张的课堂气氛调节得活跃起来了。

三、自嘲能化矛盾于无形

在人际交往中，假如自己的失误引发了对方的对立情绪，那么在这时如果能恰当地自嘲一番，就能将可能出现的危机化解。

假如在谈话中，自己语言上的不文明令对方感到不舒服，这时一定要悬崖勒马，用自嘲来婉转化解。这样，能给对方心理上的安慰，可能出现的矛盾也就消失了。

人际交往中把自嘲当作化解矛盾的工具，是要讲究一定技巧的。在发现自己说错话之后，要机智地将话题引向自己，通过对自己的善意攻击来消除对方的敌意，进而转移对方关注的焦点。这样不但能够不露痕迹地顾全对方的自尊心，而且还能缓和紧张的气氛。

四、自嘲是一种有效的幽默反击方法

如果想讽刺反击别人，学会运用自嘲，嬉笑怒骂，寓庄于谐，往往能收到奇效。

被誉为"世界女排第一重炮手"的海曼生前曾和一个白人恋爱，但最终却因肤色种族问题分手。

　　海曼成名后，这个白人去找她说："亲爱的，我们和好吧，现在你已经是世界闻名的大球星了，我非常渴望和你在一起。"

　　海曼轻蔑地一笑说："不知道你爱的是我的名气还是我这个人？如果爱的是我本人，我现在仍然这么黑。如果爱的是我的名气，那么，这个问题很好解决，请去买球票看球吧！"

　　自嘲自讽术的巧用，可以帮助我们在幽默、风趣、令人愉悦的情况下，取得令人满意的结果。当然，自嘲自讽，也需要注意场合，审时度势，相机而行，而不是没有品位地胡乱开玩笑，更不能自轻自贱，自嘲在很多时候恰恰是为了维护自己的尊严。只有适时合理地运用自嘲，才能充分发挥其独特效果，为自己的人格风范增添光彩。

　　当然，不管哪一种方法，都需要注意场合，自嘲自讽也不例外，注意场合，审时度势，相机而行，才能充分发挥其独特效果。女人们要明白，只有放下自己高傲的身段，适时地自嘲一下，自己才能在人群中，更引人注目。

适度运动，做容光焕发的自己

影视剧里展现的各类名牌打造的优雅身影，精灵般飘逸于装修精致的办公大厦间，高薪带来的从容淡定，给白领女性的生活，镀上了一层令人羡慕的光环。可是白领女性一族，却因漫长的工作时间和亚健康的身体，覆盖着这层光环。

其实，要想改变这种精神不振的亚健康状态，最重要的，就是要坚持适度的运动。

"生命在于运动。"女人们在电脑前久坐不动的工作方式，不符合生命的意旨。运动可增强体内的新陈代谢，可以保持体力不衰，让女人变得理性、积极；运动能使女人血液流畅，所产生的汗水也有助于清洁毛孔深处的污物，令女人容光焕发。

《吕氏春秋》说："流水不腐，户枢不蠹。形气亦然，形不动则精不流，精不流则气郁。"《华佗传》中指出："人体欲得劳动，但不当使极身尔。动摇则谷得消，血脉流通，病不得生。譬如户枢，终不朽也。"老祖宗都强调运动对于人健康的重要。

所以，女人不要因为工作太忙，不要因为年纪增长，不要感觉到体力太差，就不参加运动。

清晨，当一缕金色的阳光，洒入我们惺忪睁开的眼帘时，我们就应该在运动中，开启一个新的工作日。调动起身体的每一个细胞，让肌肤在畅快淋漓的汗水中容光焕发，让身随心一起适时运动，抛开现实的种种烦恼，在运动中给负累的心放个假，或让所有的压力与不快，随着一身赘肉带来的焦虑情绪，都随着汗水一起流走。

忙碌、拥挤，使职场女性的生活节奏高速运转；位子、车子、房子，使现代人的工作压力超出了负荷。不知不觉中，女人的心情，为一些微不足道的小事而变得烦恼、紧张，为一些微不足道的口角，心生愤怒，甚至大动干戈，产生怨念。

运动，洗涤心灵的复杂，拒绝无序、低效率的忙碌，让我们的身心像白云般，绽放于幽蓝的天空之下。在劳碌了一天的傍晚时分，盛邀五彩的朝阳去操场逛逛，走个十圈八圈，让我们变身运动场上的小精灵，而重新拥有魔鬼身材。

适时运动，让我们做回容光焕发的女人。在工作间隙，不要久坐在电脑前不动。站起来，舒展筋骨，活动一下，不但缓解酸痛不适、提神醒脑，更能预防肥胖。我们只要站起来，扭扭头、抬抬腿，只需几分钟就好。

适时运动，做容光焕发的自己。不再以"没时间"为借口，任由身材走形、脚步沉重。其实，适时运动，就是在上下班时，少坐一次电梯。爬爬楼梯，也可以让我们的身体得到锻炼。

生命的发展在于运动，运动又是生命发展的动力和源泉。运动是保证人体代谢过程旺盛的重要因素和形式，能令女人精神振奋、心境开阔、容光焕发，生命也因此而呈现出新的意义。

生命不息，运动不止。让适度的运动，使女人容光焕发，生命常青、幸福充盈。

🦋 抛弃不良的生活习惯

作为职场中的女人，我们骄傲，我们感激，因为我们拥有一份养活自己、养活家人的工作。在每天忙忙碌碌的工作中，在匆匆忙忙的脚步穿过人流中，在华灯初上的应酬中，我们虽然也难免感觉疲累，但在节奏紧张的生活中，也同样享受到了生活的充实，人生的价值。

工作、忙碌、价值，都为职场女人描绘出了美好的蓝图。但是，当我们女人的体力、睡眠、感情在职场中透支，致使一些不良的生活习惯，已悄然纠缠上了自己。有时，我们沉湎于不良生活习惯方式的伤害，却还完全不自知。

生活节奏越来越快的都市职场生涯，使女人们越来越忽视早餐的重要，为不吃早餐找到诸如太忙、来不及、要迟到了、减肥等五花八门的理由，可是不吃早餐带来的危害却在暗暗侵袭女人们的健康。

其实，早餐是一日三餐中最重要、最不可或缺的一餐。因为人们的身体在经过一夜长时间的睡眠休息后，肠胃的蠕动及消耗，需要我们在早餐中摄取丰富的营养，来承接整日的消耗，才能迎接一天的工作、学习。

近年来，专家经过多年的大量事例对比，研究结果显示：每天有着良好习惯坚持吃早餐的女人，与随便对付早餐或是不吃早餐的女人，更不容易长胖。因为那些不吃早餐，或马马虎虎对付早餐的女人，营养跟不上，在随之而来的饥饿感中，她们通常会选择一些过于油腻的食品，在狼吞虎咽中加倍补偿回来。所以，经常不将早餐当回事，或完全忽视早餐的女人，患糖尿病和冠心病的概率，是重视早餐女人的两倍。

不早吃餐，坏处多，更不会达到减肥的目的。营养学家研究发现，早餐在人体内，最不容易转变成囤积在腹部的脂肪。不吃早餐，等着午餐的补偿，反而会因吃得过多形成肚腩。

所以，精致的早餐决定一天的好心情，能保障一个人将一天内所吃的精华，在体力最旺盛的时间内消耗掉。精致的早餐，是我们一天好胃口和好心情的开始与延续。

职场中的许多女人都知道多喝水、多吃水果和蔬菜，对身体有助益，但有些女性会以零食代替正餐。大部分零食都缺少维生素和矿物质，让正常的营养得不到吸收。

在电脑前长时间伏案工作，缺少活动，致使全球每年有近200万人的死亡。世界卫生组织研究结果显示，久坐不动是导致死亡和残疾的十大原因之一。经常在电脑前加班、熬夜，会影响身体健康，同时，也不知不觉使我们心情浮躁，不能始终如一地坚持某一种事情，患得患失、紧张的情绪。

职场中的女人应该懂得，良好的工作习惯，并不仅仅是指工作。在处理工作任务的同时，我们的身体和大脑也需要好好呼吸一下新鲜空气，更要保持女人持之以恒的良好心态。

在工作中，女人应该抛弃结构不合理的饮食习惯；抛弃久坐不动的工作习惯，多运动，让充沛的精力陪伴我们快乐的工作、高效地工作。

总之，我们职场女人要抛弃不饿不吃饭、不渴不喝水、不累不知歇、不安排工作不会主动找事情做、接受表扬情绪高扬、一旦对其工作提出建议便垂头丧气，还有酗酒、吸烟、晚上熬夜玩乐等坏习惯。

抛弃不良的生活习惯，形成一个良好的习惯，决定一个女人一生的健康，成就一个女人一生的事业。

让我们女人多姿多彩的幸福人生，从养成良好的生活习惯中滋养出来。

🦋 原谅自己的不完美

女人如果有了自己的思想，那么无论在做人还是在做事上都会表现出非同一般，更会让男人刮目相看。

人类的天性就是喜欢与开朗乐观的人相处，当人们看着那些忧郁愁闷的人，就如同看一幅糟糕的图画一样。任何时候，一个人都不应该做自己情绪的奴隶，不应该使一切行动都受制于自己的情绪，而应该反过来控制自己的情绪。无论境况怎样糟糕，都应当努力去支配你的环境，把自己从黑暗中拯救出来。当一个人有勇气从黑暗中抬起头来，面向光明大道走去，那他面前便不会再有阴影了。

一个虽身处逆境却依旧能够笑对生活的人，要比一个陷入困境就立即崩溃的人，获益更多。身处逆境而乐观的人，才具有获得成功的潜能，才更容易从众人中脱颖而出。生活中有不少人一旦身处逆境，便立刻会感到沮丧，这些人往往达不到自己的目的。在我们的社会上，绝没有那些郁郁不乐者、忧愁不堪者或陷于绝望者的地位。如果一个人在他人面前总是表现出郁闷不乐的状态，就没有人愿意同他待在一起，人们都会避而远之。

思想上的不健康阻碍了人们前进的步伐，沮丧的心情会总是怀疑自身的能力。其实，生命中的一切事情，全靠我们的勇气，全靠我们对自己有信心，全靠我们对自己有一个乐观的态度。然而一般人一旦处于逆境，或是碰到沮丧的事情，或是处于充满凶险的境地的时候，他们往往会让恐惧、怀疑、失望的思想来捣乱，使自己丧失意志，以致使自己多年以来的计划毁于一旦。有很多人如同在井底向上爬的青蛙，辛辛苦苦向上爬，一旦失足，就前功尽弃，坠入绝望的井底。

突破困境的方法，首先在于要清除胸中快乐和成功的仇敌，其次要集中思想，坚定意志。只有运用正确的思想，并抱定坚定的信心，才能战胜一切逆境。

只要一个人的思想成熟，那么他就能摆正自己的心态，就能够很快地把自己从忧愁中解脱出来。但是大多数人的通病却是：不能排除忧愁去接受快乐；不能消除悲观来接受乐观。他们把心灵的大门紧紧地封闭起来，虽然费尽气力在那里苦苦挣扎，最终却没什么成效。

人在忧郁沮丧的时候，最好要尽量设法改变自己的环境。无论发生什么事情，对于使自己痛苦的问题，不要过多思虑，不要让它占据你的心灵，而要尽量去想那些快乐的事情。对待他人，也要表现出最真诚、最亲切的态度，说出最和善、最快乐的话语，要努力以快乐的情绪去感染周围的人。这样做以后，慢慢地，思想上的阴霾必将离你而去，而快乐的阳光将会洒满你的一生。

每个人都应该养成一种多想想事情好的方面的习惯，要进入自己最感兴趣的生活环境，并寻求几种能使自己快乐和受到激励鼓舞的娱乐。有些人在家庭中寻找快乐，选择和自己的孩子们嬉戏；而另外一些人则在剧院、谈话中，或在阅读富有感染力的书籍中寻求快乐。空气清新的乡间也是一个神奇的娱乐宝地，经常是心情悲痛者的疗养所。有时，一个小时的野外散步，就能完全改变一个人不快乐的心情。

当你的心情非常沮丧的时候，千万不要着手解决重要的问题，也不要对影响自己一生的大事做出任何决断，因为那种恶劣的心情，容易使你的决策造成偏见、陷入歧途。一个在精神上受到了极大的挫折或感到沮丧的人，都需要暂时的安慰，此时，他往往无心思考其他任何问题。

但事实上只要他们愿意努力，是完全可以扭转局面，重新迈向成功的。

在希望彻底破灭、精神极度沮丧的时候，仍然做一个能够善用理智的乐观者，并不是一件容易的事情。然而，也往往就是在这样的时刻和环境下，才能真正地显示出一个人的成熟与精神本质。

当一个人事业不如意，朋友们都劝他放弃，劝他不要愚蠢地坚持做注定无法成功的事情时，而他仍抱着坚毅的精神努力去工作，只有这样的时刻，才最能显示出他的真实才干来。社会上有许多年轻的作家、艺术家或商人，一旦自己的职业活动遭受到挫折，他们立刻就会放弃自己的职业，转而去做些完全不适合自己天性的职业。到后来，虽然对所选择的新职业也完全丧失了兴趣，他们也只能勉强去做，因为他们怕再跌一跤，而遭人讥笑。

许多涉世不深的年轻女子一遇挫折便思念家乡，随即就抛弃职业，离城返乡，重新恢复自己原本发誓要摆脱的生活状态。她们不知道，只要坚持片刻就可能见到光明，她们的职业也会立告成功。

不管别人是否放弃，自己都要坚持；不管别人是否退却，自己都要向前冲；尽管眼前看不到光明和希望，自己也一定要不懈努力……这种精神，才是一切创造者、发明家和伟大人物能够取得成功的原因所在。日常生活中，我们常可以听见一些上了年纪的人说这样的话："假使当年我从开始做那件事起，就一直努力不懈，即便遇到挫折，但仍旧照着原来的志向做下去，恐怕今天已经颇有成就了。"很多人都是在壮志未酬和悔恨中度过自己的晚年，这种悔不当初的懊丧感，原因都是由于年轻时的立志不坚，一受挫折便打退堂鼓的心态所致。

不管前途多么黑暗，心中又是多么愁闷，你总要等待忧郁过去之后，再决定你在重大事件上的决断与做法。对于一些需要解决的重要问题，必须要有最清醒的头脑和最佳的判断力。在悲观的时候，千万不要解决有关自己一生转折的问题，这种重要的问题总要在身心最快乐的时候再作决断。

当你的思维处于极度混乱、精神上深感沮丧时，乃是一个人最危险的时候，因为在这种状态下，由于精神分散，无法集中精力，最容易使一个人做出糊涂的判断、糟糕的计划。如果有什么事情需要计划和决断，一定要等头脑清醒、心神镇静的时候。在恐惧或失望的时候，人很难有精辟的见解和正确的判断力。因为基于健全的思想才会有健全的判断，而健全的思想，又基于清楚的头脑、愉快的心情，因此，忧虑沮丧的时刻，千万不要做出任何决断。

态度上的镇静、精神上的乐观和心智上的理性是消除沮丧、克服忧虑，进行健全思考的前提。所以，一定要等到自己头脑清醒、思想健康的时候再来决定一些重大的事情。

法则 3 爱情

爱情常青，做一个
会爱的女人

赫本告诉你>>>

　　要想拥有美丽的双眼，请寻找他人的优点；要想拥有美丽的双唇，请出言善良；要想拥有优美的姿态，请记住一点，你走的时候别人也在走。

> 恋爱中的女人智商为零，她们痴情而敏感，她们柔弱又易碎……但为爱痴狂反倒成了女人心灵受伤的"原罪"。恋爱很美好，但恋爱美好的背后很可能有荆棘，所以甜蜜时，请别让你的智商停机。

爱的滋润让女人更美丽

爱，对女人的美丽到关重要。精神上的关怀、行动上的体贴，都是爱的具体体现，有了这些爱，女人就像一朵美丽的鲜花，光彩照人，鲜艳的夺目。

爱情的滋润，是女人最佳的"精神食粮"。爱，贯穿于人类历史，也贯穿于一个人的一生，人类能够繁衍不息，就因为有了爱的滋润。同样，一个人能够在世间生活着，也是因为不时受到爱的滋润。爱是一个人健康成长必不可少的要素，也同样是一个女人保持美丽的最好礼物！"恋爱中的女人是最美的"这话一点都不假，爱情是让女人"蜕变"的最好催化剂，不论什么年龄段的女子，只要她们发现并拥有了爱情，那爱情带给她她们的变化可以是惊人的。

爱情犹如一道温暖的阳光，照亮了女人前进的道路，温暖了女人的心。有了爱情滋润的女人，就像一朵雨后绽放的花朵，有着难以言说的动人之处。爱，让人有了希望，有了欲望，有了渴望。被爱包围的女子没有理由不美丽。

爱情的呵护，让女人更加光彩照人。云朵永远眷恋天空，鱼儿永远离不开大海，无论多么险峻的山因为水的环绕便有了秀的风姿，无论多么柔和的水因为山的陪伴便多了分坚挺的风骨。一个被爱情呵护女人，是最楚楚动人的。当一个女人爱着一个人的时候，她的血液是火热和奔腾的，从科学的角度讲血液循环得快新陈代谢就会加快，就像体育锻炼能让人容光焕发一样，爱也会让一个女人光彩照人。一个心中有爱的女人是宽厚温柔的。当女人爱着一个人的时候，那种温情会情不自禁的流露出来，她会怜惜他，牵挂他，甚至会迁就他。

爱情，是充满新鲜与刺激的美好感情。一个女人只有在得到爱情时才是最美丽的，它是生命里的烟花，华丽、绚烂、充满激情。

恋爱在最开始的时候令人感到既紧张又激动。当心惊胆战地向对方表白之后，那心里的忐忑不安会使你发狂，你期待着，既烦躁又兴奋，你总是期望着能从对方眼里发现什么，却又不敢太细地去研究。

爱情是充满极度羞涩紧张感的感情，是其他感情无法替代的。恋爱之所以让人美丽，正是和鲜活的情绪分不开的。真正的爱情可以让人的生命力完全地散发出来，每逢恋爱，女性就会像青鸟一样从昨天的阴影里面解脱出来，获得重生。女性在恋爱中是在不断地成长的，任何恋爱在某一段时间里以某种形式结束之后，女性都会感觉到自己己远非以前的自己了。这是一种进步。很多女性在恋爱之后都会变得更加注重修饰，也就会变得更加美丽，因为她们明白了，并非一定要为了男性而美丽，现代女性更加注重让自己取悦自己，我美丽是因为我希望自己以自己为傲，希望自己能喜欢自己的状态，并非只是为了取悦别人。

女人就是因为爱才来到了这个世界的。她们为情而生，为爱而存，爱情让每个女人都变得更加美丽。

恋爱使女人的激情和美丽聚集在一起，即使是阴冷和枯竭的女人也会变得温暖和丰富。女人不恋爱老得很快，因为失去爱的女人会青春不在。世间之所以有那么多漂亮的女人，那就是一片片恋爱的花朵。

爱，是女人一生追求的目标，也是支撑女人幸福大厦的支柱，女人一生最珍贵和珍惜的就是爱。在女人爱与被爱的过程中，只要女人喜欢她会用十份的爱来换取一份被爱而从不吝啬，这就使女人生活中离不开爱、家庭中离不开爱，爱是女人赖以生存的基础。男人要呵护女人，珍惜女人的爱，让女人生活在爱的阳光之下，让她永远美丽。

做个爱情厨师

爱情如一杯美酒，放久了，会落入灰尘，掉进小虫，连酒精也会挥发掉。再甜美的爱情不知道保鲜，也会让人失去品尝的兴趣。漂亮的女人，容易获得爱情；而有智慧的女人，是爱情的厨师，知道适时地加入酸甜苦辣的调味品，让爱情愈陈愈香。

一、酸

一个不懂嫉妒的女人，就像拍了却弹不起来的皮球，令人感觉乏味。嫉妒，让男人有被爱的感觉；而猜疑，则会使对方感到被束缚，不被信任。因此，适时而恰到好处的嫉妒，可以证明你对他的爱与重视。

二、甜

没有一个男人可以抗拒女人的撒娇。不管你年纪多大，有时撒娇任性，赖皮一下，可以增加感情的"蜜"度。

斗嘴辩论斗不赢他，赖皮地说："谁叫你比我大，大就该让着我啦！"早晨恋床，实在不愿做早餐，何不拥着他，懒懒地说："好想永远抱着你。"听了这话，恐怕男人饿得能吃下整头牛，也舍不得此时让你下厨准备早餐。

爱人的对话，总免不了肉麻，甚至近乎发痴，不过，听在当事人的耳里，可是字字甜入心坎，句句叫人销魂。

三、苦

眼泪，是女人制服男人的武器，但是，宝剑可不能轻易出鞘！不要动不动就落泪，过多的眼泪，不但无法引起怜爱，反而使男人产生"免疫力"。眼泪，是用来表达忧伤或愤怒，不是用来凸显你的任性与跋扈。

看到悲惨的电视或电影，哭得像个泪人儿，让他知道你有颗脆弱善感的心。争吵时，他说了重话，或者有了二心，都是落泪的"必要"时机。特别是两人闹意见闹得不可开交时，与其硬碰硬，倒不如适时运用"泪弹攻势"。

四、辣

有一个婚姻问题专家说："夫妻之间的争吵是两个人努力克服困难的表现，这很像一个人发高烧是身体努力战胜疾病的症状一样。"这段话说得好，夫妻之间适当的争吵，不但不会破坏彼此的感情，反而会促进婚姻的成长。夫妻之间发生争执或口角，在所难免，吵个建设性的架，不但能发泄情绪，更可增加了解。但记住，女人要泼辣，但不要太辣，就像黑胡椒一样，够劲儿又不伤胃。

如何让吵架的"德行"看起来"很美"，是争吵前的必修课程。聪明的女人即使发怒，也要想办法充满美感。这杏眼一瞪，纤指一拨，柳腰一叉，樱唇一噘，姿态多曼妙婀娜！横眉怒眼，披头散发，泼妇骂街歇斯底里，只会破坏你在他心中的形象。

没有一对正常的、美满的夫妻是不吵架的，如果有哪对夫妻宣称，他俩从未吵过架，那么他们若不是在说谎，就是根本不爱对方。

如果你能巧妙掌握这些"调味品"，那么，你的爱人就会像孙悟空一样，永远也逃不出你如来佛的手掌心。

爱情调味的目的，就是要一点一点占据他的心，让他在心头竖起"爱"字大旗，叫男人感到爱你不渝；就是让他相信，你的好与坏、喜或悲，全都是因为他。

做个爱情厨师吧，调出爱情与婚姻的味道，让男人只吃家里的，不吃外面的。

男人心目中永远的情人

美丽的女人虽然让人着迷，但温柔可爱的女人才真正让男人心驰神往。

人是因为可爱才美丽，而女人是因为温柔才更可爱。当一个男人在为一个家而全力打拼的时候，他需要的是一个温柔而又善解人意的女人在背后支持他，关怀他。这样，男人就会心甘情愿地被征服，视她为心目中永远的情人。

著名作家哈代曾在新西兰某墓地发现有一块陈旧的墓碑，上面刻着一个女人的名字和一句话："她是一位多么温柔可爱的女人呀！"

我想不出这句话会给你带来什么感受，但是，依我个人的感觉，我实在想不出有什么更好或更值得一个女人拥有的碑文了。这位感伤的男子，把这些字刻在他爱人的墓碑上，想必一定拥有数不尽的幸福回忆：每当他回到家时，迎接他的总是爱人微笑的脸孔，还有热腾腾、美味可口的饭菜摆在桌上；说一句普通的小笑话也会使她开心地大笑，整个家庭永远洋溢着浓浓的温馨和爱意。

做个"温柔可爱"的妻子以及有个成功的丈夫，这两件事似乎历来都有关联。一个妻子如果能够让丈夫感到快乐、幸福，那么她丈夫在事业上成功的机会就会更大。

然而，在现实生活中的许多深爱着丈夫的女人，却并不知道该如何做才能使丈夫得到快乐和幸福。虽然，她们内心里有着天底下最浓的爱恋，却总是做着这些错事：本该送丈夫出门的时候，却像水蛭那样紧缠住他不放；本该静静倾听丈夫倾诉的时候，她却喋喋不休；管理起家庭来，也只会像个军事教官一样下命令。

其实，想要得到男人的喜爱并不困难，但是也得有像举办一次聚会般的机灵。只要你肯动脑筋，时刻用心去安排，就不必像一般女人那样不得不花费大量的时间来装扮自己。

当然，我并不是说，我们不应该打扮自己以使外表显得更加美丽、迷人，而是我们之中有许多人过分注重自己的装扮和衣饰，反而忘了表达对丈夫的关心。那些深谙如何获取丈夫欢心的艺术的女人，完全不必为失去青春的容颜和迷人的身材担心，因为她们能够牢牢地抓住丈夫的心。

据说那些最令人羡慕的成功婚姻，都是以妻子能够体贴地想要学习与实行让丈夫更快乐的方法为基础的。

美国前总统罗斯福的夫人总是安排一个儿女跟随他们的讲演旅行，这种安排总能使罗斯福感到高兴，而且也有助于他在紧张的行程压力下放松自己。罗斯福夫人说，通常孩子们会轮流和父母外出旅行，差不多每隔两周就换一个人。"在那些旅途之中，总是有许多家庭趣事。我们经常有说有笑，这使我丈夫更容易胜任繁重的工作。"

记住用生活中那些时常发生的小事来给别人制造幸福，是一个女人应该重视的事情。许多小事并非真的就很小。那其实也是婚姻美满的秘诀。一般情况下，情愿放弃一些自己的爱好来取悦丈夫的妻子，所得到的报偿，和那些小牺牲比起来是很值得的。

奥嘉·卡巴布兰加夫人就很认同前面的说法。她的先生劳尔·卡巴布兰加是古巴的外交官，还是一位世界著名的国际象棋冠军。卡巴布兰加先生是一个聪明并处处受欢迎的人。但是，同许多能力不凡的男人一样，他对自己的想法非常固执地坚持！

但是，他们的婚姻却非常美满幸福，他们享受爱情、浪漫并相互尊重。奥嘉·卡巴布兰加夫人带给她的丈夫这么多的快乐，所以，她丈夫有时也会心甘情愿地放弃一些自己本来十分执着的意见来博取她的欢心。

她是如何创造这个奇迹的呢？很简单！她只不过是做些"小牺牲"而已。每当卡巴布兰加先生心情不好又不想说话的时候，她就让他独自去思考，绝对不会用唠叨来惹他生气；她本来喜欢舞会，由于她的丈夫喜爱留在家里，即使她喜欢舞会，她也会心甘情愿地放弃许多社交聚会；如果她丈夫不喜欢她穿的衣服，她会马上去换一件他喜欢的；由于她丈夫喜爱哲学和历史，她本来只喜欢比较轻松的文章，然而，她还是细心读了丈夫喜欢的书，就像她所说的那样，这样做是为了"跟上他的思想，并能欣赏和领会他的谈话"。

那么，她的丈夫有没有为此而感激她呢？卡巴布兰加先生本来认为，给自己的妻子赠送礼物是一件非常可笑和矫揉造作的事情。但是，有一次，在情人节那天，他却像个小孩子似的红着脸，送给夫人一盒很大的、漂亮的巧克力，这是他刻意想要对他心爱的妻子表示的爱心。结果，他的夫人高兴得手舞足蹈！她那一向理性的丈夫竟然能做出这么浪漫的举动，而且她可真喜爱这件礼物呢！看到她如此高兴，丈夫也甚感得意。自从那次以后，送礼物给自己的夫人，就变成卡巴布兰加先生最大的乐趣之一了。有一次，他特意花钱请一名职员加班两小时，用一堆大小不同的盒子把一小瓶香水精心地包装起来，目的只是为了欣赏他的夫人打开这些盒子时脸上幸福的表情！卡巴布兰加夫人是如此用心去创造她先生的幸福，而她的丈夫也在博取她的欢心之中得到了许多快乐。难怪他们的婚姻会如此美满、幸福！

无私地奉献给自己喜欢的男人以温柔与幸福的女人，也必然会从对方那里得到真情与幸福。

一个女人是不是温柔、体贴、可爱，来自这个女人的性情与涵养。一个女人只有在自己日常的生活中注意加强性格上的涵养，才能培养出女人特有的柔情和可爱。为此，女人特别要禁怒、忌狂，要讲究语言美与行为美，把那些影响柔情展现的不良情绪彻底克服掉，让温柔的鲜花为女人的美丽而怒放。

女人之温柔，是柔中有刚、柔韧有度，所以才会显得柔媚可爱。但女人的温柔，并不是一味地柔弱、柔软、柔顺，也不是要女人丧失了自己独立的人格和独立的个性，更不是一种耻辱。

温柔可爱的女人会让男人看在眼里，甜在心里，是男人心目中永远的情人。

争吵时，撒娇比讲道理更有效

什么样的女人最厉害？懂得撒娇的女人，一个外表漂亮的女人如果不懂得塑造自己，就只能是一只漂亮的花瓶。而那些风情万种的女人却更能勾人心魄，令男人心软，而在万种风情中，最重要的一点就是撒娇。因此，女人在适当的时候要做一个懂得撒娇的女人。

撒娇是女人最厉害的武器，会撒娇的女人往往是聪明的女人，温柔而会撒娇的女人更能引起男人的疼惜和宠爱。但是撒娇也有一定的技巧，只有那些不露痕迹的撒娇才能俘获男人心。

玲和男友相处已有一段时间了，一次男友和她参加舞会，但在舞会上男友遇见了前女友，并被前女友邀去跳舞。玲看到之后，爱意一下子就变成了醋意，她便故意邀请一位丑陋的老男人跳舞，希望借此来刺激自己的男友，谁料男友竟然没有反应。她一气之下就跑出了舞厅，吓得男友赶忙追出来，找了她整整一晚上。

表面上看，玲是在耍小心眼儿、使小性儿，其实这是她在撒娇，而且是高明的撒娇。她这么做首先可以试探一下男友在她不辞而别之后的反应，是心急火燎地出来追她，还是若无其事，这虽然是一次小小的冒险，但可以考验男友对她的爱。而且还可以试探男友对她的耐心，女人的这种做法可以磨炼男友的性子。

女人在撒娇时除了运用语言这个重要武器之外，还要会用细节、神态、姿势等来吸引男人的关注，这样的撒娇才是真正的撒娇。女人的撒娇之所以动人，在于撒娇的过程本身，而撒娇往往能够帮助她们实现最终的目的，那就是赢得自己的位置。

有些女人认为撒娇是女人示弱的表现，其实这些人不明白，撒娇才是女人最常用而且最见效的强力撒手锏，在这里女人索性把自己的"弱者"形象推到了极致，既然男人是强者，那我就做一只依人的小鸟，在满足男人的征服欲望时，也俘获了男人的心。

《红楼梦》林妹妹的形象之所以动人，主要是因为她的楚楚可怜激起了宝玉的保护欲望。相信任何一个男人在梨花带雨的女人面前都会生出万丈豪情的。而会撒娇的女人就是现代版的林妹妹，她们也常常会耍点小脾气，在男人面前懂得示弱，用自己的柔弱来引发男人的哀怜。当一个男人心疼一个女人的眼泪，想要保护她一生一世的时候，他的心已经被这个女人俘获了。

但是撒娇是伪装不出来的，而是女人天性柔婉的技巧流露。现实中虽然有些女人在说话时看起来也是撒娇，可是让人听起来觉得难受甚至是起一身的鸡皮疙瘩，其中原因主要是这些女人不懂如何撒娇。撒娇的语言应该是温柔并且略带自我看低的，声调应该是高低错落的变化有致，表情应该是柔顺而楚楚可怜的，这样的撒娇才是典型的撒娇，也是撒娇时最常使用的"战法"。女人要明白，"娇"是女人无坚不摧的重武器。

撒娇的女人常常在男人面前表现自己的痴情：会痴情地凝望他的双眼，会痴情地倾听男人的侃侃而谈。而这种痴情并不是内心真正的投入，也许她们根本不明白男人在说些什么，她们痴情的目的只有一个，那就是让男人被自己的这种痴情迷惑、感动，聪明的女人就是用自己这种假装的"痴情"换回男人加倍真诚的痴情。

外表美丽的女人不一定有韵味，而有风情的女人不一定漂亮。韵味和风情都是"女人味"的内涵，除此之外，女人味还包含着温柔、乖巧、忧愁、善感等，而很多时候，女人味可以等同于撒娇。没有男人可以抗拒女人的撒娇，撒娇没有年龄的限制，在情人面前的"赖皮"会让他发现你更多的可爱之处。在"月上柳梢头，人约黄昏后"时，可以让男人为你摘下天上的月亮；约会迟到时，不妨假装生气，把原因推到他的身上——"每次要见你，都要化好半天妆，所以误了时间。"

情话一般都娇味十足，但是撒娇也需要把握合适的尺度，否则不但没有美感，过分的嗲声嗲气反而会让男人感到肉麻而不真实。很多女人认为，撒娇就是用高八度的声音拖个长尾音最后再拐个弯，这是对撒娇最大的误解误用。只有适度而自然的撒娇，才能充分显露女性娇美、温柔、活泼的本性。

撒娇太少，会让男人觉得女人感情的僵硬，而撒娇太多，就会泛滥成灾让男人麻木，不合时宜的撒娇往往弄巧成拙。因此，女人要学会能够掌握撒娇的分寸，懂得利用撒娇这个"武器"，为自己赢得有利地位。

✿ 在爱的同时保持自我

曾在一本书里看过这样一句话："幸好爱情不是一切，幸好一切不是爱情。"

聪明的女人总是会把握爱的尺度，给自己一点空间，保持自我的独立。女诗人舒婷在《致橡树》中这样描绘爱情，"仿佛永远分离，却又终身相依"——爱情其实也需要留有呼吸的空间。

当一个男人要离开他不爱的你时，你要问自己还爱不爱他，如果你不爱他了，千万别为了可怜的自尊而不肯离开，不要去阻止。你如果阻止他得到真正的幸福，就表示你已经不爱他了。而如果你不爱他，你又有什么资格指责他变心呢？爱不是占有。如果一个女人真心地爱着一个男人，她也可以用另一种方式拥有，让爱人成为生命里的永恒回忆。

如果人生是一条绵延的小路，那我想，爱情只是这条路上众多站牌里的一个小站，它不是生命的全部，生命的全部也不是它。如果我们为了一棵树而放弃整片森林，值得吗？如果我们强留那个已不爱我们的人在身边，值得吗？如果我们为了爱情而自虐，值得吗？不值！女人，请记住，我们是为自己而活，我们是为自己而生。能够轻易流走的爱情不是爱情，那只不过是一场你情我愿的暧昧游戏而已，我们又何必为了一个不懂珍惜自己的人而流泪，而心痛，而自虐呢？女人，在爱情里我们唯一可以骄傲的资本就是自爱！

勉强得到的爱也只是一种廉价的施舍。施舍的感情根本没有任何意义。强求维持一份已经不对等的感情，一厢情愿地付出，根本不是爱。为了一个不爱你的人伤心，是不值得的。一个真正爱你的人，会尊重你、欣赏你，而不是挑剔你。你的委曲求全换不来他对你的尊重和爱。如果你想得到真爱，就一定要记住，在爱情里，永远都要做个有尊严的人。因为男人认为，懂得自尊自爱的女人才是值得爱的好女人。

要知道，求来的爱情是多么的虚弱和苍白，如果是自己的错，那我们没有责怪任何人的权利；如果是他的无情，那痛心的更不应该是你自己。你失去的是一个薄情寡义的人，而他失去的则是一个今生最爱他的人。或许他此刻不再爱你，但有一天他会记起你的好。

你失去的只是一个人，而他失去的是一颗真正爱他的心。女人，爱情没了不等同一切都没了，何苦折磨自己，何必与自己过不去，又何必让他瞧不起。既然他离你而去，那我们就洒脱地跟他、跟过去说再见！

爱情里最忌讳的就是花心。花心之人是不可以爱的，纵使他现在跟你甜如蜜黏如漆，也只是因为你现在年轻，有资本，倘若你年华已逝，容颜苍老，试问，对于一个花心之人他还会一如既往地爱你吗？那时你忍受的就不是现在这般失恋之苦了，长痛不如短痛，快刀斩乱麻，趁现在决绝一点忘掉他，也免得当一切都如过眼烟云之时才后悔莫及。

该放手的时候就放吧，别说你不舍，既然他可以舍得你，你又何必舍不得他？时间让你们相爱，同样也会磨灭你们的激情，更会让你在念念不忘之时慢慢遗忘这段感情。时间就是这么无情与公平，解铃还须系铃人，既然是时间让你们相爱，那就让它消灭你心中的不舍吧！记住，适时而放的人才是智者。

你可知，你的锲而不舍会让他厌烦；你可知，你的自虐要挟，会让他觉得你没骨气；你可知，你的歇斯底里，更会让他怀疑自己曾经的眼光。女人，坚强起来，或许你的不自爱更会让他找到不爱你的理由：一个连自己都不爱的人又如何来爱别人。女人，在爱情里本没有对错，我们又何必苦苦追问孰对孰错呢？爱得深，伤得也深，不是吗？

即使你拥有闭月羞花的美貌，即使你拥有魔鬼的身材，即使你拥有至高无上的权力，他不爱了就是不爱了，纵使你千般好万般好也抵不过世俗对他的诱惑。

有句话说得好："女人，长得漂亮不如活得漂亮。"从现在起，我们要活得漂亮，活得出众，我们要让他为他的离开而感到后悔，我们要让他知道他选择离开是他这辈子做的最愚蠢的一个决定。

从古至今，各种各样的爱情故事数不胜数。人世间真爱的永恒还在继续，要相信真爱是平等的。在爱情中，女人和男人的机会是平等的，就看女人对爱情的态度了。女人，只有先爱自己，男人才会更爱你。

❀ 爱情不能只跟着感觉走

在当今社会，好多人什么事都讲"感觉"。人们在谈论婚恋的时候，也动不动拿个"感觉"说事。在这里，"感觉"恐怕代表的就是"印象"之类的意思。然而，要告诫女性朋友的是，在婚恋中，仅凭感觉和印象是不够的。

小丽和小航都有良好的条件，一开始两人一起出去吃了个饭，交谈甚欢并相互留了联系方式。

然而，几周后事情却不了了之。当别人向小丽问起此事时，小丽两肩一耸说："我觉得，他对我没感觉。"在小航这边，他同样也是摊开双手说："她对我没有感觉。"两人的答案竟然如此一致。

小丽心目中的男朋友要再风趣幽默一点，而小航太冷了，没意思。小航不喜欢小丽穿着前卫，又留长指甲，感觉太爱玩了，不是懂得持家的女孩子。

其实，这两人都被对方表面的信息蒙住了眼睛，不愿意给彼此更多深入了解的机会，便认定对方不是自己中意的类型，不具备自己需求的条件，所以拒绝释放更积极的交友讯息，于是就形成了"我感觉他（她）对我没感觉"的结论。

应该说感觉不过就是一种预设立场的成见。虽然小丽和小航两人的结合未必会幸福快乐，但是，这个"没感觉"确实营造了一种假象，极有可能让他们错过生命中真正有缘的另一半。

对于"感觉"，每个人所持的观点不同。有人认为要先有感觉才会去思考条件；也有人认为感觉可以培养，重点是先看对方是否满足自己的理想条件。就像炒一盘蛋炒饭一样，有人习惯先放蛋，有人习惯先炒饭。其实，只要它能成就一盘美味可口的佳肴，一段两情相悦的恋情，孰先孰后就不是重点。

其实，在不同时期，或者因为不同的事件、观点、交友族群、流行时尚等种种因素，总是很容易改变甚至推翻一个人原有的认知。

在一次电影放映后，一个女孩幸福地被男友当众求婚。

谈到恋爱史，女孩说："是我先追的他，喜欢了就要追。我不断地想办法约他见面，还真是费了不少心思。"

女追男，而且是如此强势地追，有点意思。男孩说："其实一开始我对她没感觉，但架不住她的主动。时间久了，就这么喜欢上了。"

俗话说："男追女隔座山，女追男隔层纱。"但多数女人还是没有勇气去揭开这层纱。其实，不论恋爱还是其他人际交往，主动是获得成功的重要因素。

恋爱中，男追女，表面上是男方去讨女方的欢心，实际上女方是为保持自己被追者的优越姿态。所以，女人别以为主动跟一个男人示好是丢脸的事。好姻缘是等不来的。

所以，感觉和你的需求一定会随着时光改变，这是人之常情。重点在于当下你要的是什么？是他具体给予你的陪伴与支持？是他附加的财富、名望和生活资源？还是不管谁都好，只要一段顺着自己想法的任性恋爱？

我们都必须面对这个世间的变化无常。感觉会消逝，条件会改变，人心也会浮动，关系的建立与否也不是单向可以决定的。既然每一个都不是最稳定、最可靠的，那最好的办法也许就是你必须用理智一点的判断力，去取代那份说不清道不明的感觉。感觉是很自我、很主观的一件事，关起门来演了一出最精彩的内心戏，也不代表人间世态就会按照你的想法去演绎。

虽然感觉具有一定的重要性，但它往往是短暂的，最禁不起现实的考验。因而，你的感觉有时可能是在欺骗你，女人在自己的婚恋中，千万不要过分倚重自己的"感觉"，而是要全面具体地了解对方。多一点实际，少一点印象；多一些主动，少一些矜持。希望每个女人都能找到"对的"那个人。

法则 4　家庭

用心修得好性情，
让婚姻浪漫一如初见

让家庭充满爱

　　爱是一种精神食粮，是婚姻幸福、美满的基础。如果没有爱，婚姻之花就会慢慢枯萎凋谢。

　　心理学家沃尔波特说，"一个普通人所能说的最正确的话就是，他从来不会觉得，他的爱或是别人给他的爱已经使他满足了。"

　　是的，爱在人类精神世界里的魅力，就像一口井深不可测，越挖越觉得回味无穷。爱情无时无刻不在，而且每天都在创造奇迹。女人留给丈夫的爱，是丈夫取得成功的基本因素。如果你真心爱他，你就会心甘情愿地尽你的能力去做每一件事，使他快乐。

　　那么，女人要怎么做，才能增加爱情的深度呢？

一、每天都要表达你的爱

　　最让人感到后悔的事情就是在事情过去以后才发觉自己曾经享受过人生最珍贵的东西。在对1500对以上已婚夫妇的一项研究里，研究者发现，男人认为在造成婚姻不合的最普遍原因里，妻子不知道表现爱情是第二大原因，仅次于妻子的唠叨、挑剔。

许多女人碰到危机的时候，都能够急中生智、应付自如，可是，很可悲的是，她却不知道带给丈夫每天最渴望的爱情面包。

大部分的女人都认为她们是应该被爱护的。通常，女人抱怨自己的丈夫忽略自己，不知道赞扬自己，往往也就吝于对丈夫赞赏、示爱。她们时常挑剔和批评错误，可是她们愿意分给别人的爱实在太少。然而，最能够体贴地表示出爱心的女人，在付出爱的同时，也从丈夫那里得到了需要的一切。

婚姻关系研究专家德洛西·狄克斯说道："妻子们总是抱怨说，她们的丈夫把自己的存在看作理所当然，从来就不赞美她们，或注意她们身上所穿的衣服，或是给她们任何在外表看得出来的爱的表示。但是，这些女人对待她们丈夫的态度也是同样冷淡。而后，她们才感觉奇怪，为什么自己的丈夫会追求那些懂得称赞他们英俊、雄伟、健壮的魅力四射的女人。爱情的饥渴并不是女性专有的一种疾病，男人也会患这种病的。"

有些女人故意利用男人这种对爱情的渴望，抑制对丈夫的爱心，用以获得她们想要的东西。

曾经有人把夫妻间对爱情的冷淡称为"精神食粮不足"。这个比喻很恰当。因为，男人不是只靠面包就活得下去，有时候，他也需要一杯充满爱的咖啡——还要在里面加一点糖。

二、保持一个好心情

有责任心的妻子，常常会患有一种完美主义者的毛病。孩子们的行为总是要管教好，晚餐要做得美味可口，家里要一尘不染。完美主义者常常过分注重细节，而忽略了重要的大事。事情发生的时候，要以好的心情去对待，不要让小事搅得生活天翻地覆，这样会降低夫妻间爱情的温度。

三、要有宽大的胸怀

世界上，没有比有情人终成眷属更迷人的风景了。爱情就是给予，要给得丰富、给得慷慨。有些妻子愿意在许多事情上面做出牺牲，但是却常常在许多小地方缺乏精神上的慷慨——例如，嫉妒丈夫从前的女朋友。

如果你的丈夫无意间提及他今天碰见了过去的女友，而如果你问他，那个女孩子漂不漂亮，对她还有没有留恋，那你就太小气了，你应该显示出你的宽容。

四、要互相谅解和体贴

当丈夫想要换上拖鞋休息一会儿的时候，我们却穿好衣服想要出门，这是不行的。具有深挚爱心的妻子，应该先了解她丈夫每天在外面工作后的需要，然后再盘算自己的需要。

如此说来，是不是就像许多妻子所说的：没有报酬的奉献呢？妻子在一生中慷慨地奉献给丈夫的爱，丈夫不知道感谢吗？

如果没有爱情，婚姻、家庭又有什么意思呢？缺乏爱情，财富和权势也就等于废物和灰烬了。如果你的丈夫从你深挚的爱情里得到了安心和幸福，那么，他带给你幸福生活的机会也就大大地增加了。

✿ 家是女人的归宿

家，对每一个人而言，都是一个温馨、充满希望的港湾。尤其于女人而言，家不仅是女人休憩的绿洲，更是让事业走向成功和辉煌的起始站。

当今，女人在许多事业领域，已和男人一样并驾齐驱，甚至有的方面还令男人望尘莫及。越来越多的女人，都以出色的能力，得到广泛的认可而身居要职。不管女人在职场上的拼搏是如何气定神闲，如何活出了自己的精彩，承担着如何重要的职位，回归到家庭，她们仍然是普通一员，平凡而又务实地为人女、为人妇、为人母。只有同时肩挑起孝敬老人、关爱丈夫、教育子女的责任，才算是女人成功的人生。

家，于一个男人是最终的港湾，于一个女人则是最幸福的归属。女人回到家，用居家素服取代在外的华丽衣服，努力去营造一个和谐温馨的家庭氛围。因为她们明白，家于一个女人而言，就像牧人形影不离的帐篷，能在茫茫草原挡住风雨雪霜，燃旺一盆炉火温暖全身心。

女人，在万家灯火一片辉煌之际，只有走进自己的家门，看见寻常的一切，如同早晨离家时一样安宁温馨，悬着的心才会真正踏实下来。

家，永远是一个女人的归宿。

小佳和王宁刚结婚时，小佳在一个小镇的银行工作，王宁的工作地则在县城。小佳一心想结束两地分居的日子，能真正拥有一个夫唱妇随的家园，几经周折，调动终于实现，小佳总算调到了县城。就在小佳一心一意构想如何设计居室装修，如何增添彼此的生活日用品时，王宁却又被一纸调令调到了地区。

想与丈夫长相厮守、共拥家园的设想依旧使小佳为调动的事情锲而不舍地努力着。一年后，小佳费尽周折，总算调到了地区。

但夫妻刚聚在同一屋檐下不久，王宁又被提拔到了市里。小佳不甘心，好不容易又调到了市里。

可是半年后，王宁又被国家水利总公司调到了上海。

于是，小佳的朋友，跟她开玩笑："你和王宁，天生就是牛郎织女的命，别再调来调去了，等着退休你们自然就在一起了。"

公婆、父母也都一致劝小佳："这么多年都这么过了，你在市里的居住条件也不差，工作也干了这么多年，马上就退休了，你单位的效益、待遇都不错，辞职要损失很多钱的，太可惜了。再熬几年，多给孩子挣些钱，将来你们退休了在一起，吃穿用度也不用发愁。"

小佳左思右想，还是决定辞职陪同王宁。经过多年的打拼，他们家的经济条件已经相当优越。早已为学业优秀的儿子规划了出国、就业、购房、结婚、生子等人生蓝图，也早就积累了实现蓝图的经济基础，又何必为一点退休金，老两口还要分居两地？

小佳这次听从了自己内心的声音，选择辞职与王宁一同来到了上海，结束了牛郎织女的分居生活。

上海的家虽然不大，但一盆花、一杯茶、一段话语、一顿热乎乎的饭菜，都能引起小佳和王宁温暖的幸福之感。尤其是小佳，没有工作一身轻，每天种种花草、唱唱歌、跳跳舞，每餐做几个可口的小菜，守候着王宁下班后归来，这些微小的细节都是小佳幸福的源泉。

每个女人对待家的态度也许不一样，但是每个女人想家、思家、依赖家的感情都是一样的浓厚。家庭和谐的人，谁不渴望回家？家庭出现矛盾的人，谁不想早点回家解决矛盾？亲人之间没有隔夜的仇恨，怎能不想家；常年在外漂流的人，更会魂牵梦绕着家。

人们通常习惯地认为一个拥有体面事业的女人是成功的；拥有丰厚经济实力的女人是成功的；培育出学习优秀的孩子的女人是成功的。殊不知，家庭的和睦才是女人最大的成功，也是永恒的幸福。

🐞 让婚姻恒久保鲜

生活中的摩擦不可避免，你要明白，有一些善意的谎言可以减少矛盾的伤害，甚至拉近你们的距离。当然，以从小我们受的教育，做人要做诚实的人，但是做女人，你必须做聪明的女人，才能在两性关系中对男人更有吸引力。为了让他更爱你，为了让你们的关系更紧密，下面的八个"谎言"你一定要学会。

一、"我不会让你有任何改变"

我们都希望，自己爱上的男人有一身像运动员一样发达的肌肉，有一张像明星一样英俊的脸，有儒雅的绅士风度，但是如果把这些对自己的爱人说出来，无疑会让他伤心悲叹、自惭形秽。告诉他，你喜欢他的啤酒肚，因为它让你在冬天感觉到春天般的温暖。告诉他，你喜欢听他夜里像大灰熊一样打鼾，这样你感觉到安全。有一天如果他出了差，夜里听不到他的鼾声，你会失眠。如果你爱他，就告诉他，你欣赏他的一切，他的缺点就是他的特点。你爱的就是他，他不必为了和你结婚而需要改变。

二、"我喜欢你的朋友们"

他的朋友大口喝酒，大声嚼肉，事业无成依然高谈阔论，不复是少年仍旧指点江山。这些男人你看不顺眼，可是对他却很重要。就算他们中偶有优秀的人士，你也不愿意总有灯泡照亮你和爱人之间亲密的气氛，那怎么办呢？说你不喜欢他们吗？他会认为你挑剔，认为你不给他面子，认为你不认同他的友情和义气。所以，你心里再怎么不开心，千万别说出来，说出来就伤了他的面子，也伤了感情。所以，如果不得不和他的那些朋友们一起聚会，学着喜欢他们吧，至少也要假装喜欢他们。然后，慢慢用你的日程占满他的业余时间。如果有天他突然发现，怎么好久没有聚会了，你也可以笑眯眯地说：是啊，还真挺想他们的。

三、"我愿意帮你收拾残局"

男人最大的特点是懒，男人住宅最大的特点是乱。看看中国古代的传说，男人总希望有个小仙女从天而降，为他们打扫屋子、煮饭。所以，对一个刚开始建立关系的男人，一定要表现出你的体贴，做出很懂事的样子说"我来帮你收拾东西吧"。然后欣然地帮他打扫乱放的餐具，做出非常喜爱家务劳动的样子。这样男人往往会有家庭般的温暖，并且在你不在的时候更加想念你。当然，这样的好景不必长久，当他的屋子焕然一新之后，当他对你开始依赖后，你再慢慢培养他自己动手劳动也不迟。

四、"我爱你家"

如果你是非常幸运的女人，可能你会在登门拜访他的父母时，看到友爱的眼神，但是一般来说，当你战战兢兢地踏入他的家门，你会首先看到他母亲眼中复杂的神情，既希望儿子早日成家又担心儿子从此与自己不似往日般亲密。而你那个粗枝大叶的男友对此一无所知。他还傻乎乎地认为，你爱他，他的母亲也爱他，所以你和他的母亲能够互相爱护。不要以为你能向他解释清楚这个深奥的问题。如果他问起来，你就真诚地告诉他，你喜欢和他家人共度的时光。有过很多年为人媳妇经验的女人总结说，对他的家人要友爱，落实到行动上就是：少见面，多送礼。告诉他，你爱他家里的人。千万避免你们因家人发生冲突，并把见面的时间锁定在生日或节日。

五、"我爱运动"

男人对体育的狂热我们永远无法理解。他总是一下班就守着运动比赛目不转睛，眉飞色舞。他看了意甲看德甲，看了德甲看西甲，接着进入NBA循环赛。如果你告诉他，你也喜欢运动，并且坐下来陪他看看足球，你就能够迅速地"杀"入他的世界。如果有一天，你受不了他每天看着足球赛况而不看你，就可以对他说："我爱运动，特别爱和你一块儿运动。"接着，你就拉着他的手去公园慢跑，拖着他去游泳，顺便看看落日。如果他不从，你就可以一针见血指出他是光说不练的伪运动迷，男人脸上挂不住了，定会依了你了。

六、"你是对的"

你的男友出类拔萃，可总有些盛气凌人的感觉。突出表现在和你谈天论地的时候总是喜欢争论，而且一定要分个高下，当然如果是你高他下，他肯定不会停止。此刻，提高音量和他针锋相对显然是欠明智的，你需要给男人一点面子，哄哄他，"你是对的，说得蛮有道理的。"暂时的退让只是为了日后更好地进攻，你终有一天会让他输得心服口服。智者云：男人是头，女人是颈，颈将决定着头的转动方向。男人总自以为是地认为自己知道一切，控制一切，可真正有实际控制力的是女人，总能不动声色地操纵着全局。所以，别和他计较了。

七、"我不介意你看别的女人"

当男友的眼睛盯着超市里那个长发美女看时，你怒从心头起。尽管你没有沉鱼落雁之色，闭月羞花之容，你也希望男友的眼睛总是老老实实守候着你，从一而终。一旦男友的目光飘向他人，你完全不必当众翻脸给他难堪，最好的办法就是说一句言不由衷的谎言："我不介意你看别的女人。"再找机会暗示他"己所不欲，勿施于人"。如果他好像还是不太明白，那么你和他在一起时做出夸张的观望姿态，全天候"扫描"过往的帅哥。他在感觉到有些醋意的时候，就会慢慢学着收敛了。

当发生不愉快事情的时候，要克制自己不要说不着边际的废话，一定要冷静，用巧妙的办法解决问题。

八、"我不介意你有多少银子"

现在有很多有经济基础或家庭背景的男人，可你的男友现在只是一个囊中羞涩的打工仔。你爱上他，就是因为他本身。因为他健康、勤奋、幽默、善解人意而忠实可靠。你选择他是因为你认为他是"潜力股"，他会成功，他会让你的后半生过上物质和精神双赢的生活。可现阶段他的确没有给你买房、买车的能力，为此他时常向你道歉，抱怨自己没本事，让你受苦。此刻，无论如何你都要说出："我不介意，我相信你以后会成功的。"

唠叨不是爱

这世上很少有不吵架的夫妻，但是只要人心理健康，就不会因为争执而使双方的感情产生裂痕。如果做丈夫的每天回家后面对的是喋喋不休的唠叨，那么，无论他有多么伟大的事业，他也会从事业的巅峰滑下来。唠叨是可以摧毁上进心的。

男性普遍认为，太太的性格与婚姻生活是否幸福有很大关系。如果太太脾气急躁又唠叨，还爱喋喋不休地挑剔，那么，就算她拥有天下所有的美德，也都无济于事。有很多男人活得十分颓废，丝毫没有斗志，那是因为他的太太在无休无止地打击他的每一个想法和希望。她总是长吁短叹，埋怨自己的丈夫不像别的男人那样会赚钱；埋怨她的丈夫得不到一个好职位。做丈夫的如果有了这样一位妻子，他真是有点倒霉。的确，太太的唠叨和挑剔比奢侈浪费更能给家庭带来不幸。

有位著名的心理学家曾对1500对夫妇做过详细的调查。调查结果显示，在丈夫眼中，妻子最大的缺点莫过于唠叨和挑剔了。调查数据表明，唠叨和挑剔比任何一种个性都严重地伤害着正常的家庭生活。苏格拉底的妻子是出了名的悍妇，苏格拉底为了躲避她，大多数时间都躲在雅典的树下沉思哲理。

从古至今，妻子们都认为自己的丈夫可以在她们的唠叨和挑剔之后有所改变。但大量事实都证明，这种方法是徒劳无功的。

有一个年轻人，刚刚在竞争激烈的广告界找到一份工作，他急需妻子能用爱心和鼓励让他保持继续奋斗的勇气。他的妻子积极而又充满野心，她总是对自己的丈夫很不耐烦，指责他。他在妻子不停的嘲笑和打击下，几乎没了勇气。可是，他的妻子就像有滴水穿石的力量一样，最终腐蚀掉了他所有的信心。最后，他失去了工作，他的妻子也同他离了婚。但是离婚后，他就像生病的人最终会恢复健康一样，又把失去的信心重新找回来了。

现在，你是不是已经相信男人的成功会因唠叨而受到阻碍呢？如果你也很爱唠叨，那么你应该明白了唠叨的破坏性是很强的，应该了解唠叨所带来的巨大痛苦，应该想改正这个毛病才行。

不要一再地重复自己的话。如果你已经提醒丈夫让他履行自己的承诺去洗碗，而你已经说了五六遍之后他仍然无动于衷，那就说明他不想去洗，你又何必再跟他说呢？你的唠叨只会让他下定决心绝不屈服而已。

用温和的方式达到目的。西方有一句谚语："不要用酸的东西，用甜的东西才能抓到更多的苍蝇。""亲爱的，如果你去洗碗的话，明天我就给你做你最喜欢吃的红烧肉。""亲爱的，你真能干，把我们的屋子收拾得这么干净，就连邻居家的老王太太都特别羡慕呢，她说她很希望老王能像你一样能干。"所有类似的方法，都能让你更容易地达到自己的目的。

冷静对待不愉快的事情。发生了让人不快的事情时，尽量不要马上发表意见，可以把意见记在纸上。等到你们都冷静下来时，再来讨论这些意见。如果是一些小事，你肯定不好意思再张口。夫妻之间要运用彼此的信任来使气氛融洽，理智地、平静地讨论问题。

不唠叨就能达到目的。要想把握男人就不要用命令的方式，要用激励的方法让他去做你想让他做的事。唠叨只会让他精神崩溃，你的幸福也会离你越来越远。

🦋 女人也要学会制造浪漫

女人总是习惯了听男人的甜言蜜语，却不曾对男人说过什么自感"肉麻"的话。其实，男人和女人一样，也爱听甜言蜜语。会说话的女人会适时地把自己的甜言蜜语送给男人，博得他的欢喜和宠爱。

浪漫情调是一种美丽的象征，具有浪漫情调的女人最可爱。女人可以不穿精美的衣服，不用昂贵的化妆品，但是一定要有浪漫的情调。没有浪漫情调的女人即使打扮得再迷人，也让人觉得不可爱。

生活中，很多人特别是女性总是感叹地说，"婚姻是爱情的坟墓。"其实不然，一般来说，婚姻中，爱情的浪漫之火会持续燃烧一段时间，之后，正如大多数人所认识到的那样，这种火焰终究会越来越弱。现实生活的各种需要和日常事务会纷至沓来，各种习惯也会逐渐形成。当一方开始以自己的方式对待对方，并且希望对方会做出反应的时候，"爱情规律"也就悄然开始了。究其原因，热恋中的情侣总是把自己最好的一面展现给对方，并且极力营造浪漫气氛；婚后，认为反正已经结婚了，是一家人了，也就不再需要浪漫的形式了。其实，要知道，恋爱中需要浪漫，结婚后依然需要或者说更加需要浪漫。

那么，婚姻中的女性要如何做才能制造和保持浪漫的情调呢？

夫妻间保持一定的距离，即结了婚也保持恋爱时双方的相对独立性和自由度，可大大提高相互的吸引力。这种距离可分为两种：一种是有形的，另一种是无形的。有形的是指夫妻在时间和空间上的间歇性暂时分离；无形的是指夫妻在充分信任的基础上尊重对方的隐私，不干涉对方正常的社交活动，给对方充分的合理的社交自由。夫妻间保持适当的距离，可获得事半功倍的呵护婚姻的效应，可避免夫妻间因长时间耳鬓厮磨而产生的审美疲劳，距离产生美。

作为妻子的你可以时不时给丈夫来点罗曼蒂克的小把戏，适度给丈夫一点小悬念，可有效地引起丈夫的好奇心与吸引丈夫的注意。一般情况下，爱情的小"陷阱"能创造意外的惊喜，能营造婚姻的浪漫气息。而且，如果妻子还偶尔保持少女时那种"犹抱琵琶半遮面"的害羞与含蓄，给丈夫遐想的空间，那么这种蒙眬可使妻子更富有魅力。

妻子适度的撒娇，丈夫不但不会生厌，还会萌生怜爱之意。在丈夫面前，妻子的娇气与年龄无关，无论多大年纪，女人永远都可以是丈夫的娇妻。在夫妻意见不一致或闹别扭时，妻子适度撒娇会收到意想不到的效果，丈夫因怜爱、迁就而让步，夫妻矛盾也就烟消云散了。可以说，妻子撒娇是调解夫妻矛盾的"缓冲剂"。但有一点也必须注意，那就是撒娇要适度，切莫将"娇滴滴"演变成"刁蛮"。

轻轻的拥抱能够融化一颗层层防御的心，当他上班之前或在外忙碌了一天后，你别忘了给他倒上一杯水，加上一个体贴的拥抱，这可比无数的甜言蜜语更重要。而临别的一吻，常常能把对方的心抓住，它能让对方一整天都感觉到甜蜜和快乐。

不要沉迷于电视和电脑，给自己和对方留下一个小时，一起看看书，聊聊天，或者干脆享受一下沉默，双方都能从对方的一个眼神、一个动作中感受到对方的存在。这时，空气中会弥漫着一种温馨、浪漫、宁静、祥和的气氛。

亲密但也不必整天黏在一起，可以分头行动，独立社交。这种方式是对各自秉性、爱好和独立性的尊重，有利于维系夫妻感情。当然，"二人世界"不可缺少，"分"和"合"的时间比例要分配得当。

可以说，没有浪漫的婚姻是死气沉沉的，而添加了浪漫后，婚姻应该是充满活力和情趣的。如果说婚姻是一件易碎的瓷器，那浪漫就是它的黏合剂。婚姻这座围城里假如只有柴米油盐酱醋茶，难免会沉闷和琐碎，而浪漫就像绿树和鲜花，把这座城装点得春光灿烂、美丽如画。

让家成为没有抱怨的世界

家庭是重情不重理的地方，不要想在这里讲理。当然，家事也有对错之分，但实在没有必要非分出个输赢来。家不是讲理的地方，女人要知道在家里不用每一件事都那么计较，家庭和谐的秘密就在于此。

女人结婚后，不只是做人之妻，而且还要面临更多的亲戚，承担更多的责任。在家庭关系的处理中，只有将心比心，换位思考，才能妥善处理灵活协调好周边关系。在这其中，爱心是保证家庭安宁祥和的关键因素。

女人结婚后，都会突然发现自己的生活圈子里的人越来越多。因为结婚不仅仅是两个人的事情，更是双方各种关系的叠加交错。因为婚姻的关系，原本毫无血缘关系的人进入了自己的生活，各式各样的家庭事务困扰着你，只因他们已成为你的家人，你就有为他们分忧解难的义务和责任。很多女人在刚刚接触这种环境时会有些手忙脚乱，其实，只要抓住了关键因素——爱，一切就都会迎刃而解。妻子们假如能够用爱来温暖这个大家庭，用真情和热忱来维护家庭的团结和友好，就能够和家人和谐相处。

当然，在爱的付出上也要讲究技巧。女人们应该知道，你选择了你的丈夫，就同时也选择了丈夫的家庭和家人，你应该爱屋及乌去接纳他们。在任何家庭中，矛盾都是正常的，关键是怎样解决矛盾。聪明的女人懂得其中的诀窍，那就是尽量地顺从，即使是表面上，这样家庭才可能和谐。

家庭生活是由柴米油盐、吃喝拉撒等琐碎的事情构成的，恋爱的浪漫在这里已经逐渐消失。而且，家庭又是一个重情不重理的地方，家庭的很多琐事没有必要分清楚谁是谁非。因此，女人应该恰当地协调家庭成员之间的关系，用心维护家庭的和睦。

一般来说，女人在结婚后，身份就发生了变化，由原来单纯的一个人变成多种角色的饰演者，是妻子、女儿、儿媳的综合体。一个女人结婚后除了成为丈夫的太太，同时也是他父母的儿媳、他妹妹的嫂嫂、自己父母的女儿。这样多的身份一夜之间降临在结婚的女人身上，而责任也随之增加了很多，令女人们无所适从，不知如何去应对。

这个时候，就需要女人们冷静下来，用自己的智慧来处理各种角色之间的转换。一般婚后的生活，由琐碎的细节生活构成，而每个人的习惯和方式又不尽相同，妻子不仅会和丈夫发生矛盾，与对方的父母也有可能因为生活细节的不同引起冲突。而长辈的习惯往往已经根深蒂固，不易改变，在这个时候，妻子就要学会暂时顺从，这不仅是对长辈的尊敬，更是和谐相处的最好诀窍。

然而，顺从并不是维护大家庭安定团结的金钥匙，一个大家庭就像一个社会集体，并不是一个规则就能够畅通无阻的。社会所需要遵循的规则在家庭中不一定适用，因此，大家庭的友爱和谐不但需要用爱去温暖，用真心去顺从，还需要遵循一些原则。

一、通达人情世故

每个家族都有不同的生活习惯和思维方式，妻子需要经过一段时间才能适应，因此在对待彼此亲戚和家人时，必须懂得人情世故，做到礼貌待人。

二、不在父母面前说爱人的坏话

父母都有护短的心理和行为，自己可以责骂但决不准许别人讲自己孩子的坏话。因此，妻子在公婆面前开爱人的玩笑要注意分寸。如果你和爱人吵架闹矛盾，在公婆数落丈夫的错误时，很可能是为了安慰你，所以女人们不要毫无心机地控诉起来，这样很可能埋下隐患。女人们也不要在自己的父母面前抱怨丈夫，出于爱自己女儿的心理，父母很可能对女婿不满，而这种情绪也同样会影响家人之间的关系。

三、不在父母（公婆）面前说公婆（父母）的不是

即使是无心抱怨，也可能影响两个家庭的关系，聪明的女人不会采取这种举动。自己在父母面前说的关于公婆的话，会直接影响自己父母对他们的印象，即使你是无意之中泄露的，而疼爱你的父母仍然会记在心里。聪明的女人更不会在公婆面前抱怨自己的父母，更不能传达父母对公婆的不满。这不仅是没有教养的表现，更会让公婆看不起自己。最主要的是，这些行为都会导致亲家之间无法和谐相处。

四、做一个倾听者而不是长舌妇

在大家庭中，难免会有各种各样的矛盾。妯娌之间的不和，姑嫂之间的不睦，或者是别人在你面前抱怨别人如何给她"穿小鞋"等，这个时候，千万不要把这些话告诉给当事人。就把这当作是无聊的谈话，左耳进右耳出就可以了，而不是四处嚼舌，更忌讳搬弄是非。在别人对你抱怨或者倾诉时，最好的方式是做一个倾听者，让所有的话在你这里终结。有能力的话就开导劝慰他们，没有能力的话就沉默，这样才能最大程度地减少家庭的摩擦。

五、培养开阔的心胸

小心眼的人容易钻牛角尖，不但爱在小事上斤斤计较，而且处处想着沾光。很多时候妯娌之间、姑嫂之间、晚辈和长辈之间之所以发生争执，多是因为太过于计较的缘故。比如当晚辈把目标集中在长辈对待晚

辈是否公道上时，就会产生众多矛盾。假如老人看某个孩子的日子过得较紧，就多给了他点钱，或平时在生活上多帮助了他一些。这时其他人就会有意见，认为老人偏心眼，甚至借此而惹是生非。要知道，家庭关系中最忌讳的是相互计较，而最可贵的是心胸宽广，因此，女人都懂得培养自己开阔的心胸来处理这些关系。

女人要明白家和万事兴的道理，也要懂得如何让家庭和谐。和谐的秘密并不深奥，只要你有一颗真心、爱心和谦逊的心就可以做到了，遇事少抱怨多顺从，少计较多宽容，你的家庭在你的呵护下一定会和谐美满。

法则 5 友谊

只有爱情是不完美的

当你找不到人来喝你沏的茶时，当没有人需要你时，我想这就是人生完结的时候。

寄语

一个人的生存，如果没有朋友的友谊，就会感到孤独寂寞。对待朋友，应本着尊重、友爱、信任、互助的态度，努力使友谊纯洁闪光，切不可有私心杂念。遇到不愉快的事情或矛盾时，多与朋友交流，商讨解决问题的办法。你需要有几个了解你并且倾听你心声的女性朋友。当你脆弱无力时，朋友的力量可以让你恢复元气。

生活中不能没有知己

朋友是既懂你又爱你的人。友情有时比爱情更重要，比爱情更忠诚。知心的朋友在一起的感觉，更贴心、更理解对方。朋友就像生命中的微风，是人生旅途中，最值得信赖的人，特别是患难见真情的友谊，是比男女之间的爱情更加坚固不移的。

无论你要进行什么样的改变，都需要朋友的支持，所以女人可以把自己的想法与知心朋友分享，你能够从她们那里得到支持和鼓励，这样你会感到增添了无穷的动力和信心。而且，在这个过程中，朋友的帮助可以满足你的某种心理需求，这是父母和丈夫（或恋人）无法为你提供的。

女性朋友可以和你海阔天空地聊天，可以与你交流关于她的丈夫、她的婚姻生活中的林林总总，而这些却是丈夫们无法做到的。女人也比男人更善于挖掘内心深处的情感，并且会以女性的方式与你产生共鸣。虽然你的丈夫也会支持你，但是他不可能在任何方面都完全理解你的感受。

当然，这也并不意味着你可以无限制地孤立你的丈夫，你可以在遇到麻烦的时候向朋友倾诉、发发怨气，但是一定要提醒自己，其实你嫁了个不错的男人。找一个可以把握好的分寸，跟你的朋友分享你的内心。

在平凡的生活中，每个女人都需要有几位知心朋友来提供感情的养料，因为没有任何一个人可以在所有方面都能达到你的要求。如果没有朋友可以倾诉，你就会把期望都放在丈夫身上，而他就会感到压抑甚至是窒息，因为他不能完全满足你的期望，他无能为力。

想倾诉的时候，当你提出一个话题时，你的丈夫的反应会让你有种挫败感时，就说明你说的已经超出了他的能力范围，以至于他无法为你排忧。可是如果你是对朋友说出同样的话题，同性之间的"感同身受"会让你好过些，你的牢骚和埋怨、不满和气愤，有人与你产生共鸣。

如果说，亲人是上天赐给我们的礼物。那么，知己，就是我们自己选择的亲人。她们会和亲人一样给我们温暖与温馨，给我们支持与鼓励，给我们快乐与运气。她会熟知你所有的习惯，你喜欢熬夜，不喜欢吃早餐，她会提醒你督促你；你不吃有葱味的食物，她帮你点餐的时候提醒下单员"去葱"；和她逛街的时候，但凡见到你喜欢什么风格的衣服，她都会说：看，那是你的风格哟！知己，她能给你亲人的温暖，情人的甜蜜，她会让你相信世界上除了亲人外，还有人可以毫无功利地为你守护，为你付出，会让你相信除了情人外，还有人会记得你所有的所有，放在心上，记在心里。

　　如果说，女人是世界上最和谐的音符，那么女人间的友情必定是这乐曲中最动听的旋律，没有旋律的曲子没有灵魂。女人的美丽，不在于外表，而在于是否真切，真切的美，不能缺少真切的友情，拥有一群为你祝福，为你歌唱，与你分享，与你分担的知己，你才会是世界上最幸福，最完美的女人。

　　就像一首描写女性之间友情的歌中所写的："你拖我离开一场爱的风雪，我背你逃出一次梦的断裂，遇见一个人然后生命全改变，原来不是恋爱才有的情节。如果不是你，我不会相信，朋友比情人还死心塌地，就算我忙恋爱，把你冷冻结冰，你也不会恨我，只是骂我几句。如果不是你，我不会确定，朋友比情人更懂得倾听，我的弦外之音，我的有口无心，我离不开darling，更离不开你！"

🦋 友谊也需要保养

物以类聚，人以群分，我们是什么样的人，身边通常就会有什么样的朋友。朋友都是我们同这个世界的联系，是我们身边的依靠之一。每个人都希望能跟自己的朋友相处融洽，最好能知心。但是，要成为一对好朋友却是不容易的事。

好朋友是人生中的桥梁，连接着过去，通向未来，是让你在世界里保持清醒的关键。

在我们十几岁的时候，友谊意味着一切。它决定了我们是什么样的人，会做什么，会买什么东西。在这个时期，我们以为友谊永远都会是这个样子的，但是时间一刻不歇地向前奔流，角色也会转变。工作、家庭、结婚、生子，其他的事情便不那么重要了。我们努力在时间和责任中间找到平衡点，于是慢慢地，朋友在我们心里的地位逐渐滑落了。

这样的情况未必是我们想要的。几乎没有人会怀疑友谊对我们的重要性。问题只是在于，在我们已经排得满满当当的人生里，怎么给友谊安排一个位置呢？友谊，就像婚姻一样，不是一蹴而就的，必须要在漫长的岁月里不断被加固。人是会变的，生活中事情的轻重缓急也会有所变化。我们必须精心灌溉我们的友谊，这样才能让它在我们不断变化的生活中长伴我们左右。

仔细地挑选你的朋友，把注意力集中在让你感觉舒服的人身上。

在选择朋友问题上一定要明智，不要把宝贵的时间和精力浪费在不值得交往的朋友身上。这个说法听起来很冷酷，可是你没有办法跟你认识的每一个朋友深交。没有人有这样多的时间和精力。如果你没有有意识地选出值得多关注的友谊，你就会感到分身乏术，没有足够的时间留给那些值得你多关注的人。

不要被闪亮的外表和名声所迷惑。一个人的行为比他们的言谈和他们努力想展现给别人看的形象重要得多。选择会让你骄傲，让你赞赏，同时也看好你的朋友。你的生活会因为有这样的人参与了而充满阳光。

己所不欲，勿施于人。你也许听说过吸引力法则，它告诉我们怎么对待这个世界，世界就会怎么对待我们。这意味着你必须知道哪些品质对你来说是重要的，因为如果你无法给予，你也不能奢望总能得到。做朋友的支柱，做他们可以依靠的人。

不要批评你朋友的伴侣、孩子、照顾孩子的方式和家人。永远不要这么做。我们总是喜欢数落我们爱的人，但是又不能容忍别人这么做。

如果你真的需要仔细思索你上一次和你的朋友联系是什么时候，那就说明你已经太久没有跟他联系了。时间流逝的速度有时候是惊人的。我们常常会想起一个人，但是别的事情一忙就忘了打电话给他们了。过了一个月，你又一次忘了打电话给他，友谊就是这样日渐消失的。放弃一段友谊，比努力挽回容易多了。

不要总是觉得自己会试着找到时间。这只是一个借口。你不可能找到时间，只能挤出时间。每一天你都会决定把你的注意力放在什么事情上，所有的这些事情组成了你的一天、一个星期和你的一生。留心你自己把时间和精力都花在了什么地方。这样做真的能够展现你的价值吗？你真的希望你的人生是这样的吗？如果你每周工作80个小时，从来不去看你的父母和朋友，但是却说"朋友和家人对我来说是最珍贵的"。这样有什么用呢？留意你怎么安排自己的时间，并且学会给生活中的人一个轻重的顺序。

最简单的确保能留出时间给朋友的方法就是在一起的时候就定出下一次见面的时间。定好第一次见面的时间，然后一起决定下次什么时候见面。这样你们会有规律的见面，同时不会感觉到有太大压力。实际上，我们大多数的友谊都是需要经营的，留出时间来给他们写一封邮件或者是打个电话，表示他们对你来说很重要。要不然他们怎么能知道呢？保持联系，让友谊充满欢笑。

所有的长时间的关系，包括友谊，都会进入倦怠期。在这样的时期应该多玩玩，比如做一些年轻的时候喜欢做的活动。虽然你不再是21岁，可是这并不意味着你不能有时候冒点傻气。如果生活没有乐趣，还有什么意义呢？

继续以前的规律活动。这样的活动能够让你和朋友保持联系，并且时时回顾自己的青春岁月。分享回忆有助于我们定义人生和自我评价。

朋友会告诉你你自己不愿意承认的事情。有的人很善于打电话，但有的人则不是。有的人很会说话，但是有的人一说话就把事情搞砸。维持友谊和减少冲突的办法就是接受你朋友的一切。我们都有自己的长处和短处。想要改变你朋友的性格是一场注定失败的战争。我们没有办法控制别人，并且我们也没有权利这么做。你越早接受这个观点，你们之间的友谊就会变得越轻松。

矛盾永远存在，冷静一点，别小题大做。生活中总有戏剧化的一面，但是没有必要总是演戏。有些事情发生的时候，也许我们都会说一些难听的话。在人们的关系中这是非常自然的。当你觉得自己受到了朋友的伤害，想要反击的时候，一定要停下来，做一个深呼吸。不要在愤怒中做出回应。诚实地说出你的感觉，但是要冷静。这个也许不容易做到，但是这是消除矛盾的最好方法。

如果有人让你失望了，但是总的来说他一直是一个很好的朋友，那么这个时候我们要原谅他，忘记这件事。试着理解别人的想法，并且把这件事当作一个小小的失误。当你犯错误的时候，大部分朋友也都是这么对待你的。我们都是很自私的人，常常会表现得很糟糕。很有可能你曾经让别人非常失望过，但是他们选择了无条件地信任你。不要因为你是受到伤害的一方，就表现得像做出了极大的牺牲。

但是生活中常常会有人变化很大，以至于你们再也找不到任何共同点，有时候这样的情况是暂时的，有时候却是永远。在任何一种情况下，当友谊慢慢暗淡的时候，我们能做的最好的事情就是放手。这并不是说马上就做出从此以后再也不见的决定。放手意味着接受你们友谊的现状，放弃改变它的想法，人际关系有自己的力量，它有自己的起起落落，并不是所有的时候你都能了解朋友的想法。友谊的渐渐消失常常会给人带来很大压力，但是改变是生活的一部分，一段结束的友谊也会因为它曾经给你带来的好处而有自己的价值。你不需要把它看成一个错误。当生活中出现裂痕时，时间的流逝会填补它。有时候它表现为交到新的朋友，有时候是和自己有更好的关系。敞开心扉，时间自然会给你答案。

尊重自己，对自己好，然后别人也会这么做。这是最重要的一点，如果你不是自己的朋友，就不能成为别人的朋友。如果你想让别人尊敬你，你首先要尊重你自己。成为别人的好朋友并不等于可以任人践踏。你对自己越好，就会过得越开心。过得越开心，就能让朋友越开心。

在生活的喜怒哀乐中，朋友会让你感觉舒适自在，鼓励你，给你带来欢乐。如果没有他们，你的人生会不那么完整。希望友谊能够让你的生活更丰富，让你的人生更幸福。

🦋 学会倾听，学会安慰

作为朋友，你要学会倾听。当你的朋友遇到挫折、碰上烦恼，他便要找一个发泄情感的对象，而你作为朋友，能够真诚、耐心地倾听对方的诉说，就是为朋友开了一个情感的发泄口。朋友在向你诉说的过程中，你不仅耐心地倾听，而且时不时地插上一两句富有情感的安慰话，抑或为朋友出出点子想想法子，朋友的情感就会因此而走出沼泽，他会觉得有你这样的朋友才是真正的依靠。这样，朋友的情感会加深，友谊更会与日俱增。

人性复杂，与朋友交际，也要深思慎交，分出亲疏。根据常情，大凡成为朋友者，有的是趣味、性格相投，有的是抱负相仿，有的是文化层次相近，有的是人格清高、心灵相通等。从交际的原因而言，有刎颈之交、莫逆之交、患难之交、君子之交、忘年之交、一面之交、市井之交、世交、故交等。无论你是什么原因的朋友，经过一段时间的交往后，你应有所选择，应该有亲有疏。比如，有的朋友情感诚挚、冰清玉洁，自然可以真诚深交。但也有的是出于某种功利目的而投向你的，一旦利益达不到或者当你穷困潦倒对他已无利用价值时，他便会离你而去。像这样的朋友是不可深交的。更有甚者，更应该保持一定的距离为好。

人们交朋友，自然离不开人情往来。然而，人情不可多求。你求人一次，人家帮了你，倘若你不太知趣，一而再，再而三，得寸进尺，那么，朋友对你这样的人便会生厌、生怨，如此，朋友之间的关系就难以为继了。还有的人，不考虑对方的承受能力，为了满足自己的需要，搞友情强制，这也是使朋友反感的行为。

小刘的收入不多，每月的工资除正常开销外，便所剩无几，因此积蓄有限。然而朋友小张欲买房，非让小刘借给他三万元不可，小刘无能为力，不但未满足小张的要求，还因小张搞友情强制而产生反感。

谁也不能保证自己万事周全不求人，谁也不能夸口自己终身无危难。因此，人们遇到难处总渴望得到别人帮忙。所以，作为朋友，在别人需要你帮助的时候，一定要及时到场并真诚地伸出手去帮朋友一把，使朋友渡过难关。只要把握好这一交际原则，朋友与你的友谊将会日益加深。

当朋友伤心难过时，很多人要么好言相劝"别哭了，坚强点儿"；要么帮助分析问题，告诉他"你应该怎么做"；还有人会批评对方，"我早就给你说过……"

安慰人也要讲心理技巧，要根据对方的心理活动，给予最贴心的抚慰。

要倾听对方的苦恼。由于生活体验、家庭背景、所受的教育等不同，形成了每个人对于苦恼的不同理解。因此，当试图去安慰一个人时，首先要理解他的苦恼。

安慰人，听比说重要。一颗沮丧的心需要的是温柔聆听的耳朵，而非逻辑敏锐、条理分明的脑袋。聆听是用我们的耳朵和心去听对方的声音，不要追问事情的前因后果，也不要急于做判断，要给对方空间，让他能够自由地表达自己的感受。

聆听时，要感同身受，对方会察觉到我们内心的波动。如果我们对他的遭遇能够"悲伤着他的悲伤，幸福着他的幸福"，对被安慰者而言，这就是给予他的最好的帮助。

要接纳对方的世界。安慰人最大的障碍，常常在于安慰者无法理解、体会、认同当事人所认为的苦恼。人们容易将苦恼的定义局限在自我所能理解的范围中，一旦超过了这个范围，就是"苦"得没有道理了。由于对他人所讲的"苦"不以为然，因此，安慰者容易在倾听的过程中产生抗拒，迫不及待地提出自己的见解。因此，安慰者需要放弃自己根深蒂固的观念，承认自己的偏见，真正站在对方的角度去看他所面临的问题。

心理专家说的"放下自己的世界，去接受别人的世界"，就是这个道理。最好的安慰者，是暂时放下自己，走入对方的内心世界，用他的眼光去看他的遭遇，而不妄加评断。

要探索对方走过的路。安慰者常常会感到自己有义务为对方提出解决办法。殊不知，每个被苦恼折磨的人，在寻求安慰之前，几乎都有过一连串不断尝试、不断失败的探寻经历。所以，我们所要做的就是，探索对方走过的路，了解其抗争的经历，让他被听、被懂、被认可，并告诉他已经做得够多、够好了，这就是一种安慰。

心理专家提醒安慰者一个重要的观念："安慰并不等同于治疗。治疗是要使人改变，借改变来断绝苦恼；而安慰则是肯定其苦，不试图做出断其苦恼的尝试。"实际上，在安慰人的过程中，所提供的任何解决方法都很可能会失灵或不适用，令对方再失望一次，故而不加干预、不给见解，倾听、了解并认同其苦恼，是安慰的最高原则。

另外，陪对方走一程也是一种安慰。对方会在你的陪伴下，觉得安全、温暖，于是倾诉痛苦，诉说他的愤恨、自责、后悔，说出所有想说的话，当他经历完暴风雨之后，内心逐渐平静下来，坦然面对自己的遭遇时，他会真心感谢你的陪伴，也觉得是靠自己的力量走过来的。

🦋 没有距离就没有朋友

有人说，最亲近的关系总是最脆弱的，朋友之间的关系作为人际关系的一种，虽没有骨肉血脉的相连，但却有一种亲情无法替换的东西，也许在生活中的某个瞬间你会发现，身边最好的朋友在那时就像一个翻版的你自己，让你有一种心灵互动的感觉，但也有这样的时候，你认为你的好朋友对你了如指掌，有许多事不该对你有所隐瞒，甚至从某一天开始他突然疏远你而让你感到莫名其妙，或许有时你替他做了许多事，但他却不太领情……朋友之间互相关心是毋庸置疑的，但每个人都有自己喜欢的生活方式，如果任何事都不分你我的话，是不是也会使友情陷入一种尴尬的境地呢？

与甜蜜的爱情相比，友情显得平淡无奇；与温馨的亲情相比，友情难免索然寡味。爱情如美酒，亲情似浓汤，友情只能是凉白开。可是口干唇燥的人，最需要的莫过于一杯沁润心脾的水；当一个人苦闷不堪的时候，朋友伸过来的手往往胜过恋人的热吻和亲人的慰藉。水是生命的主要元素，朋友是人生的基本支柱。

古人云："君子之交淡如水。"无须背负海枯石烂的誓言，不用防备"朝三暮四"的变迁，不必讲究嘘寒问暖的客套，也不用顾忌牵肠挂肚的担心，朋友就是那个愿意做你听众，却不让你内心不安的人。煲电话粥也罢，促膝谈心直到东方发白也罢，烦闷与苦恼尽可以和盘托出。你感激他的耐心，他感谢你的信任，然后互道珍重各走各的路。

都市中人个个如刺猬一般，朋友间相处应该既能感受到对方的温暖又免于相互的伤害，大可不必认准一个好友跟你分担所有的欢喜悲忧。

愉快地相互欣赏，忙的时候放在一边，有空的时候搞个聚会，需要的时候打个招呼，朋友就是这么简单。

每个人都需要自由的空间。朋友、熟人往往是通过沟通，在思想、情趣等方面因为相通或互补而建立了比较亲密的情谊，在他们面前，你既不会刻意隐瞒自己的恶习，也不会坦诚地倾诉自己所有的缺点，因此，朋友、熟人能够介入且只能介入的也只是你生活的一部分。而在一个屋檐下朝夕相处的父母、爱人一定了解你是否早起刷牙，是否睡前洗脚等一系列的生活细节，所以，他们介入你生活的程度更深，这样的亲密是任何一个朋友不能比拟和替代的。

如果把自己看作一个集合，把上面的两类人想象成另外两个集合，则这两个集合都与你有交集，两个集合既不包含我也不与你重合，你自己与他们永远都不相交的部分，这是你的私人空间，它只属于你，是你最个性化的部分。

无论对朋友还是父母，你的私人空间永远都不必敞开，他们可以远远地欣赏，因为那里虽然隐秘但不肮脏，虽然是很小的一个空间，但你需要并且一定要用自由填满，其实，这对每个人都很重要。

有的人把好朋友当成自己，认为好朋友之间就不能有秘密，其实，"无话不说"也有个限度，有这样的事发生在身边，两个特别要好的女孩，同吃同住，好得就像一个人，彼此对对方都了如指掌，由于她们太熟悉对方而不分你我，把对方的秘密当成自己的而告知于人，严重影响了朋友的正常生活而使朋友关系难以维持，所以，就算是对最好的朋友，也要适当保留一些你个人的秘密，不要妄想公开你的私人生活来证明你对朋友的诚意，也不要奢求朋友会对你的任何私人问题都有帮助，需要自己面对的就要勇敢面对。

　　如果两个好朋友在事业上能够志同道合，在生活上能够互相关心，而在私人生活上又相对独立，彼此不打扰对方喜欢的生活，那才是一种高尚的友谊，相信这也正是我们作为别人朋友所要追寻的境界。

　　珍惜身边的每一份友情，无论它是不是已经过去，无论它会不会有将来。也许不会天长地久，也许会淡忘，也许会疏远，但却从来都不应该遗忘。它是一粒种子，珍惜了，就会在你的生命里。

　　友情，需用心去经营，需有一定的艺术性。对一个朋友，不论男女，不能太过于重视，否则对方会觉得压力很大，会被你的重视压得喘不过气，但又不能过于疏忽，过于疏忽，可能就不会再有联系。有的朋友，你如果太重视他，会让他觉得交你这个朋友很累，就是因为你太重视他了，让他感到有压力，也会让自己过得很辛苦。

　　无论是朋友之间，还是恋人之间，对对方的情感，肯定是无法对等的。总会有付出较多的一方，而往往是付出多的一方容易受到伤害。所以，现在很多时候在和朋友相处时，都会告诫自己，要控制自己的付出，这样会让自己和朋友都不受伤害。所以，不要强求别人，要尽量不给别人带来压力。

　　生活中并不是所有的人都能成为朋友。每个人都有自己的人生态度、处世方式、情趣爱好和性格特点，选择朋友也有各自的标准。人生活在世界上，离不开友情，离不开互助，离不开关心，离不开支持。既为朋友，就意味着相互承担着排忧解难、欢乐与共的义务。唯此，友谊才能持久常存！

　　朋友的相处伤害往往是无心的，帮助却是真心的，忘记那些无心的伤害；铭记那些对你真心的帮助，你会发现这世上你有很多真心的朋友……在日常生活中，就算最要好的朋友也会有摩擦，我们也许会因这些摩擦而分开。但每当夜深人静时，我们望向星空，总会看到过去的美好回忆。这种感觉，会令你明白朋友对自己的重要！

每一个人都有一方属于自己的乐土，朋友，当你心情沮丧的时候，当你灰心失望的时候，当你觉得好友渐渐淡漠的时候，请珍惜朋友真挚的友情，友谊如同空气，如同水，不要到失去的时候才痛感它的可贵。

离散聚合，应顺其自然，不必勉强。属于你的朋友，会向你走来；不属于你的朋友，留也留不住。

每份淡漠下面也都隐藏着很深的寂寞和渴望。每个人都有自己挣扎的痛苦与心路历程，默契不过是因理解自己而彼此理解，只有和谐才是身心疲惫时依然不泯的微笑。互相的惦念，互相的牵挂，互相的爱护便是人世间最难得的情感抚慰，是朋友之间最难割舍的真情。友情间所以能长存，正是因为有了这种心灵间的相互依存与默契，唯有此孤独的人生才变得丰富而深刻。能够拥有一位好友，一位至交，便拥有了一生的情感需求，好友如衣食，如日月，如自己的影子，最孤独时，无论相隔千里万里，好友都会如期而至，那时即便是默默相对，不说一句话，感受也是雨露的滋润，心静如镜，心境如云。

珍惜身边的每一份友情，无论它是不是已经过去，无论它会不会有将来。也许不会天长地久，也许会淡忘，也许会疏远，但却从来都不应该遗忘。它是一粒种子，珍惜了，就会在你的心里萌芽，抽叶，开花，直至结果。而那种绽放时的清香也将伴你前行一生一世……

法则 6 满足感

良好心态,不抱怨、
不炫耀、不嫉妒

赫本告诉你 >>>

　　我从很早以前就决定,要无条件地接受人生。我从来不期待生活给予我任何特别的东西,但我获得的似乎总比我原来期望的多得多。但大部分时候,发生在我身上的事我都没有刻意追寻。

寄语

满足是一种心态，你的心态是为你所有的、完全爱你控制的一种东西。心态好的人就算身处逆境也不觉痛苦；心态不好的人即使还没有遇到困难就已丧失斗志。

女人懂得知足，才能活得富足

老子在《道德经》中说："祸莫大于不知足。"意思是说，知足者才能常乐。孟子说："养心莫善于寡欲；其为人也寡欲，虽有不存焉者，寡矣；其为人也多欲，虽有存焉者，寡矣。"说的也是知足常乐的道理。

小何跟许多白领一样，平时工作非常忙碌，每个月的收入主要用来交房子的月供、养车。虽然忙碌，但是她一直觉得自己过得很充实。

小何出生在一个山区，从小家庭生活贫困，连高中都是靠自己在假期打工和亲戚的资助才得以读完，读大学的时候更是同时兼了三份勤工俭学的工作。不过大学毕业之后，她找到了一份不错的工作，而且仅仅过了五年，就完全凭自己的努力买了一套小房子。前不久，交了首期五万元贷款又买了一辆车，上下班再也不用挤公交车，节假日还可开着车外出兜风游玩，惬意极了。

本来，对于一个出身贫寒的女孩子来说，这样的生活足可以让自己满足了。但是最近小何和几个大学同学聚会，让她感到意外的是，这几个朋友居然收入都比她高。了解到她们的情况后，小何心里感到很失落。想着自己的工作，也觉得越来越不如意了。她认为自己干的活多，拿的钱少。有些老员工水平实在是很差，但是他们的薪水却都比她高。现在她是吃饭不香，工作没劲，睡不着觉，她感觉自己的生活越来越没意思了。

其实，小何的烦恼来自她跟同学的比较，导致她目标迷乱，失去自我。我们常常说，一个明智的人不会盲目和别人比较，要和自己比较，和自己的昨天比较。世上炫目的东西实在是太多太多，要知足常乐，而不是贪得无厌，得陇望蜀。

知足常乐的道理人人都懂得，但真正能付诸实践的人却不多。许多人不可谓不聪明，但却由于不知足，贪心过重，为外物所役使，终日奔波于名利场中，每日抑郁沉闷，不知人生之乐。关于这一点，英国心理学家奥利弗·詹姆斯在对七个国家的大城市数万人进行调查时发现：那些过分看重物质利益的"工作狂"多半会染上"富贵病毒"，很容易造成精神压抑、焦虑，甚至导致病态人格。

毫无疑问，知足与快乐相关，知足后心境才能平和，待人才能慈祥，微笑才能自然。虽然一日三餐清茶淡饭，但却能够享受生命的精彩。这种人生境界是整日泡在荣华富贵之中，而又永远没有满足感的人所无法想象的。

心理学家在一百多个国家收集幸福感的数据，结果发现：无论是在迪拜的黄金市场还是澳大利亚内地，幸福都有着类似的规律。他们认为，人们需要一定的物质财富来获得满足，但满足的程度不会随着需求的获得而增加。尽管当一种主要需求得到满足时——比如得到一枚一克拉的钻戒，女人们的幸福感会出现一个高峰，但这种快感不会持续太久。也就是说，以满足物质需要来获得快乐，必须付出越来越高昂的代价。

因此，心理学家得出这样的结论："如果我们能逐渐降低我们的愿望、期待，我们便容易得到满足——即使在衰退的经济环境中。"与短暂的快乐相比，过程才是人生的财富。

在现实生活中，相对于不知足而言，一个人要想做到知足是一件十分困难的事情。因为不知足并不需要主观上的任何动力，它本身就是人的欲望的一大特征。所以，不知足是自然的、顺情的，仿佛骑士信马由缰般不费力。而知足却是自觉的、顽强的、坚毅的和勉为其难的。当你走在高楼林立的城市街道上，看见身边的女人各个名牌傍身、珠光宝气，当你身居斗室望着窗外一幢幢摩天大楼的闪闪灯火时，因羡慕、嫉妒油然而生的不知足，无须吹灰之力便不招自至了。而要摆脱这些情绪的纠缠，今晚依然知足地卧床酣睡，明晨照样知足地挤车上班，却是很不容易的事。

不过，正因为这种不容易，才更要去坚持，如此得来的快乐也才更加弥足珍贵。聪明的女人往往懂得如何在生活中降低一些标准，退一步想一想，因此她们能够知足常乐。女人只有体会到自己本来就是无所欠缺的，才是最大的幸福。

抱怨不能改变现状，只会磨掉你的光彩

抱怨是一剂毒药，对自己如此，对听你抱怨的对象也如此。如果你有一个朋友整天对你抱怨，抱怨生活的不公，抱怨工作的不顺，抱怨家庭的不和，相信没有哪个人会愿意与他长时间待在一起。因为这样的人给别人带来的永远是负能量和太过消极的人生观，他的情绪传导给周围的人，周围的人也容易变得焦躁不安。人生本是一条欢快的河流，何必让你的抱怨使它变得浑浊不堪？

生活中我们总会遇到不顺心的事，工作上的压力、家庭里的不和谐……有些人遇上这些事可以自己用各种方法进行调节，比如听一听舒心的音乐，比如在空旷的地方大喊一声，比如去做运动，通过流汗让自己的怒气得以释放……但也有一些人喜欢和别人诉说自己的不快，虽然这也是一种释放烦恼的方法，但长久以往，你带给别人的负能量过多，诉说就演变成了抱怨。且不说这些抱怨是否真正能排遣你内心的郁闷，也许你只是把它当成了一种倾诉的习惯，你抱怨这个人的不好，抱怨这个人让你看不惯的生活细节，每时每刻你都是在攻击别人，其实同时也是在攻击你自己。你让这些纠结的人根深蒂固地存在你的脑海里，你的本意是想要摆脱这些烦恼，但其实抱怨越多，烦恼也就越多，这些事也记得越深刻。

抱怨不仅会侵蚀你的思想、你的生活，也会影响你的身体健康。一个人总是被负面情绪围绕，想的事情也多，最容易影响的就是你的睡眠质量。大家都知道，睡眠对于一个人特别是女性来说是十分重要的。如果晚上睡不好第二天起床可能就会精神萎靡、面容憔悴，那么一天的工

作效率也不会高，经常性的失眠也容易危害身体健康。相信大家都体会过失眠的感受，想睡又睡不着的滋味不好受。其实，排遣负面情绪的方法有很多，不必选择抱怨这一种，它是危害你身体健康的毒素，也是让你的朋友甚至家人对你感到失望的始作俑者。

什么样的人喜欢抱怨？一般而言，年轻人的娱乐方式比较多，面对各种负能量通常都有自己的解决方法，但同时他们的工作和生活压力也较大，时常在承受不住这些东西的时候就会通过抱怨的方式发泄出来。比如说，碰到一个难缠的上司，他可能今天给你的任务比较多，比较繁重，需要你加班到很晚；你的上司总是处处为难你，你不知道自己在什么地方得罪了他；你的上司对你不器重，重要核心的业务都不安排给你……这时候，你就会在和朋友聚会聊天的时候说起这些事，说起你上司这个人，你对他有多厌恶，他是怎么为难你的，他让你郁闷得想放弃。朋友们没见过你的上司，他们只能通过你的描述把他定位为一个可恶的人，然后帮着你一起骂人，说他的不对。通过这样的发泄你觉得自己的郁闷得到释放，但其实第二天上班，什么也没有改变。因为你只是想到了别人对你的为难，没想到为什么你会遇到这样的事。而朋友们对你的附和也可能仅限于这几次，久而久之他们也会对你的抱怨持怀疑的态度，为什么总是你遭遇到这样的事？难道你自己没有错吗？

如果是步入中年的妇女，她们的抱怨通常会围绕这几个话题，家人或者金钱。比如家人住在同一个屋檐下，虽然是最亲近的人，但每个人还是有自己不同的生活习惯和相处方式。特别是和子女之间，孩子长大了容易与父母形成代沟。妈妈也许看不惯孩子躺在沙发上玩手机、看电视，看不惯他们家里来客人以后不知道打招呼，而孩子不喜欢父母无时无刻想管着自己，不喜欢他们说话总是拐一个弯，不喜欢拘束的生活。

这样的不同，生活在一起就会产生矛盾，妈妈的抱怨也会越来越多。但就像年轻人抱怨自己的上司，这些抱怨根本没起到任何作用，它只会让你自己越来越觉得为什么自己的孩子这么不乖，总是需要自己操心，为什么生活总是这么不顺，让自己疲于应付。问题没有解决，而你的心却越来越累。

在小说《唐·吉诃德》中，当侍从桑丘遇到不幸时，他总是会不停地埋怨，牢骚满腹。当这种抱怨无法改变他的命运时，他也未曾想过停止这样说，而最终只能徒增伤悲，招人厌烦。

当然，有了不满偶尔发泄也并不为过，害怕的是女人们总认为全世界都在和自己作对，人生中不如意之事总是随着自己转。于是，无论何时何地，只要与人攀谈，内容就永远都是喋喋不休的抱怨。女人们千万不要再抱怨下去了，要不早晚会成为一个怨妇。

怨天尤人始终是于事无补的，而只会让自己的心情越来越坏，情绪越来越糟糕。

静婚前是个温婉美丽的可人，婚后却对家庭、对丈夫开始了无休止般抱怨。这不仅让她变成了絮絮叨叨的"老女人"，而且最终失去了原本美满的婚姻。

在大学时，静温婉美丽，成绩也十分出色，很多男生都是她的追求者，其中不乏才子帅哥，不过静最终却与相貌平平的枫相恋了。枫是静的老乡，比她高一级，虽然相貌平平，但性格温和，为人诚实正直，他父母在家乡有很大的产业。这样说来，静也算是应该知足了。但是，最初几个月的甜蜜过去后，静就开始向朋友们抱怨："他一点都不善解人意，我今天心情不好，他压根就看不出来，吃饭只顾自己狼吞虎咽。""他竟然说我打扰他学习，去自习教室都不再找我。""他一点也不爱干净，外套一星期都不换一次。"甚至还嫌弃枫不够帅，吵着要换一个好看的……

不过，尽管这样，毕业后静还是和枫步入了婚姻的殿堂。婚后，他们在上海定居，枫的父母为他们在上海的繁华地段购置了新房，枫也开始进入家族在上海的分公司任职。如果静愿意，也可以给她在公司安排一个职位。按说这样的生活，已经够羡煞旁人了。但是静照例抱怨："工作忙了，职位升了，就不理人了。一天到晚只知道应酬，半夜三更才回来，要这个男人干吗？""他喝醉了居然脚都不洗就上床，脏死了……"

诸如此类的抱怨无休无止，终于，枫不再按时回家，后来干脆不回家。直到有一天，静去公司找枫，一走进公司门口，就看大家都用躲闪的目光看着她，这让静感到十分不自在。她径直走向枫的办公室，谁知开门的一刹那，却让她看到了自己最不愿看到的情景：枫正要把一条看上去很贵重的项链带到一个年轻女人的脖子上。静当即摔门而去。

回到家，静不知道该如何面对这突如其来的一切，她一个人坐在梳妆镜前不停地流泪，一遍遍地回忆着和枫在一起的点点滴滴……却发现，其实自己从未对枫满意过，自始至终留给枫的都是抱怨。

试想，当静抱怨枫时，她快乐吗？不快乐！因为抱怨是一把双刃剑，伤人伤己。抱怨只能让你肩上的包袱越来越沉重，你若试着把这个包袱从肩上卸下来，就会真正体会到轻装前进的愉悦。

生活本来就是如此，它不会让你事事如意，但是你却不能因此而放弃快乐和幸福的生活。有时候，只要你转换一下思维的方向，站在对方的立场上想想，问题就会呈现出截然不同的答案。

于丹曾在《百家讲坛》中这样劝慰大家："每个人的一生中都难免

有缺憾和不如意，也许我们无力改变这个事实，但我们可以改变的是看待这些事情的态度。女人要想生活得快乐幸福，眼睛里就必须能容得了你不喜欢的东西，心里面放得下你不喜欢的事儿。"

因此，女人们与其花时间抱怨，莫不如用那些时间去泡个热水澡，做个面膜，换个发型，或读读好书，做一次旅行，抑或买一件你一直都舍不得买的衣服。然后看着镜子里的自己，变得魅力十足，那种由内而外的自信和光彩就会自然地焕发出来。走在街上，待在办公室里，从行人或同事欣赏的目光中，你会感到自己是美丽的，心情也会跟着明朗，并且会为这种改变而欣喜。

事实上，对习惯抱怨的人来说，生活就是一道又一道墙，处处为难自己，郁闷满胸膛，人生的格局逼逼仄仄、别别扭扭。对习惯不去抱怨的人来说，生活就是一道又一道门，他看到的只是门锁处的方寸空间，然后调动智慧和资源，找到开启门锁的钥匙，这个过程充满挑战和乐趣，既提升了自我，也扩展了人脉，人生的格局也舒展洒脱、欣然可观。

🦋 让阳光照进生命，做一个幸福知足的人

　　一个人的心若常常在黑夜的海上漂浮，得不到阳光的指引，终究有一天也会沉沦到海底。时光如水，生活似歌，我们每个人若想要让生活过得有意义、有价值，让心灵充满阳光，学会塑造阳光心态，就显得非常关键和至关重要。

　　我们每个人如同生活在繁杂世界里的小苗，杂草越多小苗就越难生长，收成就会越差。阴暗的心态只能将我们打入抱怨、不满、气愤的牢笼，让痛苦的回忆总是剥夺着我们当下的快乐，我们只有让心里装满阳光，才会宽容过去的一切伤害，才会轻松地、开心地拥抱当下生命中的每一个时刻，才会拥抱生活中的每一个细节，在挫折中总结经验、吸取教训、悟出道理，让过去的每一种苦难或失败经历，成为自己迈向成功的铺路石，让曾经的痛苦，奠定自己辉煌的将来。

　　一个心里充满阳光的人，才会习惯性地发现生活中积极的一面，习惯性地用美好眼光看待生活中、工作中的一切，学会接纳自己，接受他人，接受生活，珍惜生命，坚信只要有生命存在，每个人的生活就是完美的；在欣赏他人时，懂得感激，在感激之中，热爱工作和生活，从而形成一个整体的积极互动。

　　我们只有拥有阳光般积极的心态，才能学会与身边的同事，周围的人真挚相处，欣赏比自己能干的人，欣赏别人为自己做的哪怕看似一些微不足道的小事情，就会自然而然地将嫉妒所产生的憎恨、厌恶，转变为感激和感恩，广交朋友，与每一个朋友真挚沟通，就像打开一扇扇窗户，让我们看到一个绚丽多彩、令人陶醉的世界。

　　糊涂一点，让自己的心随风而动，随雨而下，大事明白，小事糊涂，这也是做人的一种聪明吧。郑板桥的"难得糊涂"就是这个道理。

　　潇洒一点，让自己有一个好的心态，做人拿得起，做事放得下。人生在世，有得就有失，有付出就有回报，鱼和熊掌不能兼得。有时你的付出不一定能得到回报，但自己要想明白一些，不要太苛求自己，生命总有它的轮回，上帝是公平的，它对每个人都是一样的垂青。

　　人生苦短，就好好地潇洒走一回吧。快乐一点，珍惜自己的生活，珍惜自己的生命，享受自己的人生，过去的就让它永远的成为过去吧，希望总在未来，做人就快乐一点，让心自由的飞翔，忘记所有的痛与爱，做一个快乐的自己。

　　忘记年龄，不要让自己的年龄成为自己变老的理由，不管我们多老，只要有一个好的心理，只要我们自己不觉得老，别人怎么看是他们的事。走自己的路，让别人去说吧。

　　忘记名利，名利是身外之物，我们都是平凡的人，每个人都希望有自己的一份名，也有自己的一份利，遇到不开心的事，总以为上苍对自己是不公平的，其实，简单平凡的生活才是最大的幸福。

　　忘记怨恨，人活在世上，不可能没有爱恨，也不可能没有矛盾，但只要你好好想想，那个人值得你恨吗？那个人值得你爱吗？那个人值得你去怨吗？我只能告诉你，没必要浪费自己的宝贵时间去憎恨一个不值得的人？

　　恨别人，恨一个不值得的人，是一种最愚蠢的事。在寂寞的时候，可以找个知己说话，在烦恼的时候，让心歇歇脚，给自己一个空间，让自己的心灵有一份纯净的湖泊。

　　一个心里充满阳光的人，坚信风雨过后，终会有美丽的彩虹；生活中不吝啬自己美丽的微笑，懂得在心底最深处寻找属于自己的那份宁静与淡然，凝聚坚强，守护一份澄明的心境，感悟生命中的点滴，让一缕阳光折射到心底，让一份淡泊与美丽停留在心湖深处，懂得珍惜，因而生活里总会多一缕阳光。

在我们的一生中，痛苦和快乐总是如同阳光与阴影一样相互伴随着，就如同花开总有花落时，在阳光的照射之下，学会聆听自己，欣赏自己，尽情拥抱着大自然的亲切，在馨香的自然之美，清新的田园风光之中，尽情聆听大自然的歌声，心中就会飘荡着一份宁静的韵律，抛开心中的烦恼，让心中升腾起无尽的幸福感，给生命一份恬静，坚信明天会更美好，绝不轻言放弃，笑对生活，扬起生命的风帆，升起心中的太阳，让阳光照亮心房，精神振奋，敞开心扉，与人为善，笑对人生。

拥有阳光的心态，我们的生活于无形之中就会少一分烦恼，少一分狭隘，多一分快乐和幸福，生命之树自然常青。

学会反省自己的错误

当你意识到了自己的错误，就要学会做出改变。古人云："一日三省吾身。"现在的人，可能做不到一天三次反省自己，但至少你应该知道在你的错误影响到了你的生活的时候，及时做出改变。

你要学会找到另一个途径来释放自己的情绪，而不是通过抱怨来达到你的目的。当你遇上一件不顺心的事情时，你可以去唱歌，可以约上几个朋友逛街，可以找个阳光灿烂的日子去远足，可以做周末志愿者……这些都是释放压力的好方式，而且也是给你带来正能量的方式，让那些容易从我们指缝中溜走的时间变得更有意义，这样你的人生也才能够变得更有意义。

然后你还要反省自己的错误。有因才有果，你当前面临的这些状况会不会是因为你自己在哪些方面做得不对呢？任何事情都要先反省自己，而不要先去怪罪别人。当然，如果你没有任何过错却仍旧受到不公正的待遇，你也可以把它当成是你成功路上的磨砺，只要你坚持做好自己的事，努力拼搏，相信终有一天好运会降临到你的身上。一个人要想看到旭日高升的美景，就必须脚踏实地地一步一步攀上山顶，旅途中也许会有荆棘阻碍你的步伐，也许会有石阶劳累你的身体，但终究一心一意向着目标前进的人会达到终点，看到最美丽的风景。

什么样的女人最美？也许每个人都有不同的答案，但不抱怨的女人肯定是最美的。不抱怨的女人知道抱怨对自己毫无意义，只是在消耗自己的时间和精力；不抱怨的女人知道抱怨会危害自己的身体健康和精神状态，因为抱怨是一种毒药，不仅毒害自己也毒害别人。当你关上了那扇抱怨的大门，你会发现原来生活总是有积极的一面，原来你总是看到一个人的缺点，原来那些让你烦恼的问题其实可以解决。抱怨让美丽的白雪公主变成邪恶的皇后，就算拥有再美的面貌，当你让抱怨侵蚀自己，让抱怨使你的生活渐渐变得无色，让抱怨令朋友们逐渐远离你，那么容貌也无法使你散发魅力。

其实，换个角度、换个心态，事情就会有不一样的结果。

做一个不抱怨的女人吧！你的人生其实很幸福、很美好，如果你没有发掘这些幸福与美好，那么它们就会渐渐流逝。为什么我们总在仰望别人的幸福与美好，不去感受自己的呢？很多时候我们都是在自找烦恼，明明简单的事情非要把它想得很复杂，明明很单纯的人非要把别人看得很有心计，明明只要推开门就可以看到的真相非要蒙住自己的眼睛。自找的烦恼让你困扰，也让你抱怨，但是既然是自找的烦恼，那么你也有能力把它抛开。爱自己的女人就应该将人生想得简单一点，将事情想得简单一点，将一个人想得简单一点。

做一个不抱怨的女人吧！工作可以不作为人生的全部，金钱也不是人生的全部。当你在这两方面遭遇瓶颈的时候，更不要去为难自己。如果一个女人已经拥有了自己的事业，那已经是一件很不容易的事了，你已经成功了。那么，这时的你还有什么好抱怨的呢？学会满足，学会感恩，感恩你的父母将你养大送你上学，感恩你的老师让你学到这么多的知识，感恩你最终能够进入到这家公司，感恩你的劳累因为这说明你受到重视。有这么多需要感恩的事，为什么要去抱怨呢？将这些抱怨的时间通通拿来感恩，你一定会得到更多的幸福。

做一个不抱怨的女人吧！如果你一直在抱怨昨天的问题，那么你也会错过后来的答案。让你的思想跟上你的灵魂，让你的灵魂跟上你的脚步，这样的女人才最美，这样的你才最有魅力。我们抱怨的目的是什么？通常是为了将自己的情绪释放出来，或者给自己的不努力找到借口，但是往往我们不愿意承认这一面，因此将抱怨当作逃避的借口。放下抱怨，这并不等于在困境面前不作为，或者放弃对不公正事情的态度。反而是带有负面情绪的抱怨，恰恰才是毫无意义的。只有真正的热爱生命、感恩生活，才能拥有真正意义上的宽容和同情心，才能让自己活得更有意义。

🦋 宽容是女人最大的美德

哈佛大学情商课强调，情商高的女人都有着一种宽阔的胸怀，懂得宽容他人。

宽容是一种修养，是一种境界，也是一种美德。宽容是一种非凡的气度、宽广的胸怀；是对人、对事的包容和接纳；是一种高贵的品质，精神的成熟，心灵的丰盈；是一种仁爱的光芒，是对自己的善待；是一种生存的智慧，生活的艺术；是看透了社会人生以后所获得的那份从容、自信和超然。

宽容的女人是美丽的，也能得到别人的尊重，女人不是因为漂亮而耀眼，而是因为美丽而动人。漂亮是与生俱来的，但美丽就不同了，她是靠后天的修养所得到的一种独特的气质和涵养，而宽容就是一种高素质的修养。

人们常常用大海一样的胸怀来形容宽宏大度的人，而一个女人的宽容首先是面对丈夫的。在长期的家庭生活中，吸引对方持续爱情的最终的力量，可能不是美貌，也可能不是伟大的成功，而是一个人性格的明亮。这种明亮是一个人最吸引人的个性特征，而这种性格特征的底蕴在于一个女人怀有的孩童般的宽容。

宽容不是怯懦，不是一味地逆来顺受，是在理解的基础上的大度、忍让，以此求得在矛盾激化前问题的解决，是成熟的心态，是完美人格的体现，是解决问题的最佳策略。

女人要想成为一个生活中的强者，就应该豁达大度，笑对人生。有时一个微笑，一句幽默，也许就能够化解人与人之间的怨恨和矛盾。宽容，首先表现在处理事情上要不愤怒、不嫉妒、不能够感情用事，生活中确实存在很多矛盾和困难，但是生闷气是无济于事的。

只要你冷静思考，仔细观察，就会发现我们的生活本来就是苦、辣、酸、甜、咸五味俱全。想改变事实，你就得学会宽容地去接受面对现实，再从中找到改造的契机。

宽容体现在你对别人的不苛求，能够容忍他人。尽管不顺心的事随时会产生，若能宽容待人、对事，你便拥有了快乐的一生，那难道不是人生的幸事吗？所以，应尽量以愉快的心情处理生活上的各种问题，即使忍无可忍，也应采取理智来抑制情绪。

生活在社会这个大群体里，人与人之间难免常常因一时的疏忽，或冒犯了别人，或别人冒犯了我们，正确的做法是冒犯者应主动真诚地道歉，被冒犯者理当宽容大度，说声"没关系"，让一切误解在"对不起"和"没关系"中烟消云散，使彼此重归和睦和友善。

当然宽容也不是没有界限的，因为宽容不是妥协，虽然宽容有时需要妥协；宽容不是忍让，虽然宽容有时需要忍让；宽容不是迁就，虽然宽容有时需要迁就；但宽容更多是爱，在相爱中，爱人应该是我们的一部分，是爱的一部分。作为女人，也许很骄傲，也许很单纯，也许很浪漫，但拥有一颗宽容之心，才是作为女人的完美之本。

宽容，能体现出一个女人良好的修养，高雅的风度。它是仁慈的表现，超凡脱俗的象征，任何的荣誉、财富、高贵都比不上宽容。宽容是美德，是万事万物存在的结果，宽容的背后有着心与心永久与纯洁的承诺。

宽容地面对生活，面对人生，才会使自己拥有一个平静从容的生活，才能使自己活得更轻松、更洒脱。宽容别人，其实就是宽容我们自己，多一点对别人的宽容，我们的生命中就多了一点空间，宽容是一种境界。

法则 7 风格

保持个性，
做最好的自己

我经常需要独处。如果我从周六晚到周一清晨都能独自待在自己
的居所，我将感到十分快乐。这是我重新焕发活力的方式。

寄语

有个性才有灵性，个性让自己与众不同。自信的女人才是自己思想的主人，是独立的思考者，她的所作所为，完全是出于她自己的选择。即使结婚之后，她也依然自强不息，带着我行我素的风采。

做人格独立的女人

有人说：人格独立的女人才算精品女人。在事业上有主见，不受他人摆布；在生活上有自己的圈子，不会因脱离男人而孤独。既要做个乖女儿，又不能对父母言听计从；既要做个温顺的妻子，又不能对丈夫俯首称臣；既要做个和蔼的母亲又不能视孩子为"小皇帝"。这样的女人才能被称为真正的现代女性。

女性的真正魅力首先就是要在人格上独立，新女性应该有完整独立的人格。

一个女人可能长得很美，可是当她面对他人时没有自我，处理事情的时候没有主见，这样的女人就算长得再美，也是会被人轻视。一个没有自我，没有人格独立性的女人，在生活中是个转盘，在工作上是张便条，在感情上是个傀儡，还会有什么魅力可言呢？

一个人格独立的女人是知道自己应该做什么不必做什么的；一个人格独立的女人绝不会自己看轻自己，更不会让别人看轻自己。

一部热播的电视剧《丑女无敌》里的林无敌，虽然她相貌很丑，但是她在工作上尽职尽责，兢兢业业，很有头脑，处理任何事情也总有自己独特的见解和独立的主张。领导赏识她，同事佩服她。在感情上她虽然很爱她的上司，但她却知道怎么把握自己，也绝不会因为爱而放下自己的尊严。虽然她很丑，但是她得到了别人的赏识，别人的认可，别人的尊重。她有独立的人格，人格上的魅力让她光芒无限。

心理学专家研究发现：无论是哪一种感情，女性都极易处于盲从和依附的状态。首先是盲从地听命父母、盲从地迷恋情人、盲从地侍奉子女，接着便是强烈地渴望依附，借助别人的力量支撑不够坚强的精神，借助别人的回馈来达到精神上的满足，借助别人的钱财来满足自己的物质欲。而又有很多女人会把自己一生的时间和全部的爱给予别人：结婚前的时间和爱是父母的；婚后的时间和爱又会分一半给丈夫；再往后的时间和爱又会全部倾注到孩子身上，唯独没有时间好好爱惜自己。

当一个女人真正做到了人格上的独立，能用一种平和的心态看待世间的人和事，正确地对待生活中的得与失，知道了自己为什么而活，理解了生活的真正意义，体会了爱的真谛，她便能很好地把握住自己，控制住自己，拥有个性十足的自己，拥有完美幸福的人生。这样的女人，她不单单懂得人格的独立，她还能做到经济、思想、能力上都能独立，因为她明白一个道理：世间一切美好的东西都不能依靠他人的施舍和给予，而只能靠自己得到。

在这个经济发展快速，人们生活水平日益提高的社会群体里，女性更要懂得实现人格独立。面对外面精彩的世界，面对灯红酒绿的诱惑，面对渴望享受的欲望，你能不能做到人格的独立，做到自尊、自爱、自重十分重要。在这个纷扰的世界里有太多的女性单纯地为了生活上的享乐和经济上的坐享其成而失去人格，甘愿当别人的情人，甘愿出卖自己的灵魂。

正如我国当代女诗人舒婷的《致橡树》诗里写的："我如果爱你，绝不像攀援的凌霄花，借你的高枝炫耀自己；我如果爱你，绝不学痴情的鸟儿，为绿荫重复单调的歌曲……不，这些都还不够；我必须是你近旁的一株木棉，作为树的形象和你站在一起……"不做凌霄花，靠攀援别人而存活，靠借别人的"高枝"来炫耀自己；不做痴情的鸟儿，为别人"重复单调的歌曲"，一味地付出自己。而是像木棉一样，"作为树的形象"活出自我的风采，追求人格独立，地位平等。

《简·爱》的主人公简·爱从不愿放弃自己做人的尊严，敢于反抗傲慢无礼和专制自私的男人。虽然寄人篱下，她也敢于为了维护人格的尊严而怒斥虐待她的表哥。后来又在寄宿学校里为了维护自身的尊严，她强烈地反抗学校里专门摧残女孩子的冷酷虚伪的校长。而当她面对爱情时，又理智而果断地拒绝了表哥约翰的求婚，她不想成为这种没有爱情的婚姻的牺牲品，更不想把自己变成男人的附庸。她对爱情有独特的理解，认为爱情的前提不是门第，也不是金钱，而是人格的平等。

而后在面对与罗切斯特的恋情时，也不愿以情妇的身份留在他身边。面对罗切斯特的苦苦挽留，简·爱不屈服地回答："我关心自己，我越是孤独，越是没有支持，我就越尊重自己。"简·爱对爱情的选择，体现了她作为女性对人格独立的追求。也正是因为她人格上的魅力让千千万万的女人成为此书的忠实读者，并把简·爱作为自己的偶像。

能与此书产生共鸣的女性也必定是追求和向往人格独立的女性。

当我们追求幸福的时候，当我们遇到挫折的时候，当我们面临人生的重大选择的时候……人格独立意识将显得尤为重要，因为只有人格的独立才是我们立足社会的前提，人格的尊严体现了对我们自己的尊重。

尤其是女人，如果连自己都不尊重自己，自己都不追求人格的平等，那么任谁都不会把"虾米"当作"海鲜"的。

🐞 自信让女人神采飞扬

女人的自信是一种心态，在女人众多的优雅品质中，"自信"应该列于前位。因为评价一个人的气质是否优雅，大多都要看他们自信心的强弱。一个缺乏自信心的女人是没有魅力的女人，也不会是优雅的女人。

自信让女人神采飞扬，令普通的装束也平添韵味；自信给女人以优雅的气质，使出色的女人更加光彩夺目。

自信，源自对自己现状的肯定。现实生活中没有完美的人，我们只是在不断追求完美，所以，整体形象的优雅比任何局部的美都重要。

自信，是一种精神状态。它使人的内心充满睿智，形象雍容典雅、光彩逼人。正所谓水因有龙而灵，山因有仙而名，女人因有自信而优雅，因优雅而美丽。

自信的女人从容大度，挥洒自如，目中投射出安静、祥和、坚定的光芒。对于那些事业有成的女科学家、女企业家、女作家以及在舞台上、银幕上耀眼的女明星们来说，自信使她们更美丽、更有魅力。

相信自己，坦然面对现实，自然流露出优雅。

学会自信，还要学会正确的自我欣赏。自我欣赏绝不是自恋，它是对自己理智的、客观的认识所散发出来的自信。而这种自信会使女人在为人处世上表现出从容、大度、优雅的气质，不会陷于世俗的旋涡中。

能正确自我欣赏的女人，大多使有智慧、有修养的女人，她们既开朗又内敛，既聪明又有内涵，在她们身上最能体现优雅女人的本色，她们不盲目自卑，更不盲目自大。

在市场经济分工越来越细致的今天，个性已成为女人必备的品质，保持鲜明的个性，是女人魅力的又一砝码。个性决定了你是否具有创新精神，能不能在事业上获得成功。

西方有句名言，叫"性格即命运"。对某些有个性的女性的研究表明，特殊的性格在她们辉煌的人生轨迹中占有十分重要的地位。有些性格帮助她们认识特殊事物，有些性格成为她们从事某种职业的必备，还有些性格成为她们迷人魅力的不可或缺的重要组成部分。

就生活中的绝大多数而言，女人的身上都闪现出一种豪爽的个性之美。她们乐观开朗而又富于激情，意志坚韧而又精明强干，豁达豪爽而又自信自强。

彭倚云是一个去英国投考博士研究生的中国姑娘。她去牛津大学面试，穿的是中国式的最朴素的白衬衣和蓝裙子，两条长辫子垂到腰际，不施脂粉，也未戴任何首饰。同伴劝她说，你是去考牛津，这可是世界上最有名的大学，特别是你要接受世界著名的阿加尔教授的面试。你应该注意形象，给别人留下美好的印象。

我就是我，我本来就是朴素的中国姑娘，何必要装出华贵的样子，好印象是个人举止、言语流露出来的，不是华贵衣裳包装起来。然而，更令人吃惊的是，她在面试中居然和阿加尔教授辩论起来。教授非常气愤，他们愤怒的辩论声使整个楼道里的人都听见了。

"你以为你可以说服我吗？"教授咆哮道。

"当然不一定，因为我还没有出生时，你已经是心理医生了。"彭倚云毫不示弱地争辩，"只有实验本身才能说服你或者我，但如果没有人来做这些实验，真理也就无法验证。"

"就凭你那个实验方案？我马上可以指出它不下十处的错误。"

"这只能表明实验方案还不成熟。要是你接受我当你的学生，你自己可以把这个方案改得尽善尽美。"

教授嘲笑她说："难道我要指导一个现在就反对我的学生吗？"

"我是这样想的。"彭倚云笑了笑，"经过这两个小时的争吵，我知道牛津大学是不会录取我了。但是我坚持实验方案。"

出人意料的是，几天后学校宣布，阿加尔教授决定，把这难得的录取名额以及奖学金授给彭倚云。

阿加尔教授站了起来，当着众人对彭倚云说："你看，我的孩子。你骂了我两个小时，我还是决定要你。你知道为什么吗？我要你做我的研究生，让你尽情地在我的支持下反对我的理论。只有反对的声音，能使心理学发展进步。如果事实证明你是错的，我当然会很高兴；要是我们都是对的，我更高兴；要是你是对的，我是错的，哈！你想不到我将会多么高兴！你还没有出生，我就是个心理学家，可我希望到我死的时候，你能成为比我更好的心理学家。只有这样，世界才有希望！"

彭倚云是幸运的，她遇到一个心胸宽广的导师。她的成功是她的自信意识和出色口才造就的。话又说回来，如果她顶撞的对象不是阿加尔教授这样豁达大度的人，而被拒之门外呢，她还能特立独行吗？回答是肯定的。彭倚云很可能做不成博士研究生，但她也会在别的机会上获得成功。自信是无价之宝，它能影响你周围的朋友、同事，能让你坚持正确的观点。自信是成功的源泉，如果一个人不自信，那他就不会有所作为。

豪爽的女人，敢笑须眉不丈夫，敢为天下先。现实生活中，很多这样的女性用实际行动告诉了世人：一个自信的女人，已经向成功迈出最重要一步。

女人应该具有独立自主的精神，拥有主见和见解，拥有自己的观点，不要人云亦云；应该勇敢地向常规发起挑战，不要满足于现有的结论，善于并且勇敢地怀疑权威的东西。

培养自信心也是有方法的，现在就介绍几种。

1. 约束自我，务必忍耐、等待，绝不灰心，告诉自己"我拥有创造优秀人生的动力"。

2. 深信不久的将来，愿望一定能实现，相信自我暗示的力量。

3. 将自己的"人生目标"明确地写在纸上，而后坚定信心，一步步向前迈进。

4. 明白与正义、真理背道而驰的财富和地位是不会长久的。"成功不可以建立在别人痛苦的基础上"，应有体贴之心，抛弃憎恨、嫉妒、任性。

自信的女人，不一定是女强人，但一定是强女人。自信的女人或者刚强，或者柔弱，更多的是兼而有之。

自信的女人拥有的东西不一定很多，她们最大的财富就是自信，这是一份永远不会被外人夺取，永远属于自己的财富，也是女人美丽的源泉。

你的眼里只有你

现代女人也要有独立意识，要想获得别人的尊重，首先自己要看重自己。当男人和独立的女人生活在一起的时候，他感觉到自己拥有一个平等的伴侣。当你放弃自己的日常活动时，他就会慢慢对你失去兴趣。此时，他不再认为自己得到的是一件珍宝，而是开始把你视为额外的负担。

女人首先要做的，就是把注意力和精力转移到你自己身上。你必须培养与你的男人无关的兴趣，就像你还不认识他的时候一样。对于男人来说，对自己的兴趣和活动满怀热情的女人，更让他们动心。这些事情并不一定是他感兴趣的，只要是你自己感兴趣就行。

下面的故事可以证明这一点。罗布是一位极具魅力的成功男士。他曾经可以挑选任何一个他想要的女人，但在最后，却被一个他最不可能选择的女人迷住了。他把劳拉描述为一个身着百褶长裙的"保守的、沉迷于计算机世界的书呆子"。在约会几次之后，他请她出去游玩。罗布信心十足，还盘算着教劳拉怎样才能玩得开心，他认为自己可以动摇她的世界。可劳拉却说，她不能去。为什么？原来她已经计划好要搞一次家庭聚会。

罗布讲述了接下来的事情："我一直希望她能改变主意。结果，我还是一个人去了，而且，我只玩了一天就飞回来了，因为我想知道她到底在干什么。因为我知道举行家庭聚会是不可能的。我就是不能相信，她为了一次聚会，宁愿放弃跟我一起去享受充满异国情调的假日旅行。我猜想，她一定是去见另一个男人了。我必须亲自弄清楚这件事。"

就在劳拉举行家庭聚会的那个星期六晚上，他飞了回来。千真万确，真是令人意想不到，他发现劳拉的确是在举行聚会，这令他目瞪口呆，惊讶不已。

看到他突然到来，劳拉非常高兴。她请他进屋，给了他一块三明治。此时此刻，罗布本该在去巴哈马的途中，优哉游哉地吃着大龙虾，或是其他什么异国风味的海鲜。现在，他却在啃着因为没有烤透而有点发黏的金枪鱼三明治，里面还有一根牙签。现在，整个聚会安排中最突出的娱乐活动，不过是观赏那些奇形怪状的厨房容器：姜饼形的、星形的，甚至还有心形的。

现在回想起来，罗布仍然觉得难以置信，"我在那里听着一帮女人咯咯地谈笑，看着她们到处查看一些塑料碗。我用一个极小的勺子，喝着一个形状奇特的茶杯里的咖啡。我无法相信眼前的事情，我在想，'不，不可能是这样的，难道我还比不上这样一个聚会？'"

劳拉待人并不刻薄。她只不过是没有重复老一套的做法，放弃自己的兴趣来换取罗布认为更有趣的事情。出乎罗布意料的是，对她来说，她自己的活动比出去游玩或和他在一起更重要。他说："从那件事情起，她就吸引了我全部的注意力。"这对看上去最不可能走到一起的情侣，成了人们议论的热门话题。

现在，罗布已经是一个非常称职的父亲了，而劳拉还是那么不容易被打动。

一旦拥有自己的生活，你就不会显得性情急躁或是没有耐心。如果不再为担心失去而紧张，你就去掉了等式中的"需要"因素。你不再显得极度需要他的感情，这样一来，在失去活力的关系中，你与他的对抗态势将马上发生改变。

如果你希望重新恢复较量，那么，继续从事他介入你的生活之前的那些活动，是绝对必要的。当你第一次告诉他，你要做其他计划好的事情，不能去见他，就会引起他的注意了。这会让他措手不及，还会令他苦恼。

如果这种行为看似日常活动，真的会让男人惊慌失措。那么，你可以参加编织、园艺或陶艺培训班等任何一件事，都可以达到预期的效果。你尽管放心好了，他的自尊心不会允许他在一件毛线衫、一棵盆栽植物或一堆黏土面前栽跟头。

无论你做何选择，只要你对除了他之外的某件东西充满热情，都可以使他回心转意，这是千真万确的。他会再次问他自己一个问题，这个问题在和你约会的第一周曾经问过："她怎么想做那样的事？她什么时候才可以和我待在一起呢？"

如果你不会为了和他在一起而放弃自己的一切，给人的感觉是你有更重要的事情要做。这将提醒他注意你的价值，这也往往是他步入你的生活轨道的开始。

追求美丽不是错

爱美是女人的天性，追求美丽是女人天性的自然体现，这是很正常的事情。但追求美丽的形式却是多种多样的。

还记得这个故事吗？

一个小女孩趴在窗台上，看窗外的人正在埋葬她心爱的小狗，不禁泪流满面，悲恸不已。

她的祖父见状，连忙引她到另一个窗口，让她欣赏他的玫瑰花园。

果然，小女孩的愁云为之一扫，心空顿时明朗。

老人托起孙女的下巴说："孩子，你开错了窗户。"

女人在追求美丽这个问题上也经常开错"窗"。

在很多人眼里，女人美丽的全部意义就只在吸引和操纵男人，偏偏对女人美丽的意义又只有色相这种狭隘的理解，于是许多女人不管是青春年少还是徐娘半老，都拼命地想用姿色迷倒众生。说穿了，要单纯以姿色媚惑男人心，还真是要趁年轻美貌的时候才会奏效。于是女人们往往还在少年时就早早生出"一朝春尽红颜老，花落人亡两不知"的恐慌，想尽办法挽留其实只是女人生命中的匆匆过客的娇妍姿容。

著名男演员濮存昕曾说过："作为男人，我们其实更盼望看到这样的女人：她可以长相平凡，只要她会微笑，平易近人；她可以身材一般，只要她举止得体，仪态动人；她可以经济贫穷，只要她会采撷野花，灵气感人。甚至，她不必做多少装饰打扮，真的不需要穿金戴银，点珠缀玉，只需收拾清爽，通体干净，一样能让人感到一个山明水秀的佳人。"其实男人的眼睛是雪亮的，他们明白，整出来的美丽终究是假的，没有生动表情的脸只是一张皮，没有生机的身体只是一个躯壳。在手术刀下耸起的胸脯、展平的脸皮，只是对美丽的模仿，对真实的冒充，是对男人也是对女人自己的欺骗。

追求美丽不是过错，问题是，你是否读懂了美丽的真谛。花那么多的金钱、时间，付出那么多的代价打拼出来的"美丽"是真的还是假的？没有富于灵性的生命力的花，是干花、纸花。

女人美丽，目的是让自己一生骄傲、自信、有尊严、有质量地活着，而不在于吸引男人猎艳的目光。明白了这一点，那些本来就为猎艳而来的目光的淡去与冷落对你的生命与生活又有什么妨碍呢？

女人一生的美丽是那样的丰厚，那样的多姿多态。红颜如花，含苞有含苞的娇柔，盛开有盛开的艳丽，飘落有飘落的优雅。所以，不要开错美丽的窗，调整心态，与美丽同行，正视自然流逝的时光，让每一个今天都有着恰如其分的美丽，才是对自己负责的选择。

追求美丽虽然不是过错，但也不要误入极端，把一些不健康的东西带到自己的身上。追求美丽的同时，别忘了把真善美的东西留住。

要个性，更要女人味

女人虽然要有自己的个性，但追求个性不等于完全我行我素，为所欲为，在追求个性的同时，不能忘了做女人的根本，那就是要时刻充满女人味。

天生丽质的女人当然能够迷倒众生，而拥有恒久吸引力的往往是十足女人味的淑女，这样的味道应该是五分的柔媚，三分的雍容典雅，不可或缺的二分智慧。

一个淑女不仅要有女性特有的魅力，更要注重自身的智慧修养。这样，即使青春不在，仍然有足够的吸引力。

智慧的魅力虽然有时不如性感那么富于诱惑，那么令人心醉，那么勾魂撼魄，但它却更深沉、更动人、更长久。

所以说，纯正的淑女气质来自智慧修养，它不是伪装出来的，而是自然美的体现。

生活在一个极尽声色的时代里，人们很容易落入表象的陷阱。许多女性，往往误以为仅仅靠着刻意的打扮、精心设计的形象、伪装的亲和力、自我吹嘘的权威身份，就可以吸引众人的目光。事实上，往往许多事情并不是想象中的那样。

真正的魅力是最深刻的撼人力量，往往来自千锤百炼的实践，是经过多少尝试、多少思考、多少百折不回的历练，方才焕发出的青春气息。

真正的魅力，需要时间的陶冶，更需要智慧的修养。然而，有魅力的女性，所焕发出的光彩当中，最持久、最深刻的一种便是贤德宽容。

由此可见，淑女气质的内涵其实包括了一个人的智慧、见识、修养和能力等许多层面。

一个人的胸襟、气度、包容力以及眼界、才华、资质，都是由内而外散发出的淑女气质。

许多男性误认为女人长得漂亮就是有魅力。而现在则有更多的男性认为，女性魅力包含了女性内在的才智，而才智体现出的美感常常就是聪慧。

传统观念对于女性魅力的认识还仅仅停留在外在的感观层面上。现代女性的理想追求应该是，既要有外在的美，更要有内在的美。

如今，才女在公共领域中的优势愈显突出，那种传统的以貌取人的时代已日益离我们远去。社会不再只强调对女性做单一评价，而更加注重对她们综合素质的评价。

容貌的美犹如水中月、镜中花，只能在众人的感官上留下短暂的美感，而内在美、气质美却可以延缓衰老并使人永远年轻，在众人心目中留下的是无穷的回味、永久的回忆。

若在一个女性的眼里，只知道穿衣打扮和逛街这两件事情，那她根本算不上是一个有魅力的女性。她生活的内涵是空虚的，她人生的底蕴是单薄的。只有再加上"智慧"二字，才能把一个现代女性与魅力联系在一起。

智慧其实是现代女性不可或缺的养分，缺少了智慧，贤淑便无从谈起，更谈不上什么魅力了。秀外慧中恰到好处地解释了这个浅显的道理。

智慧是与人的领悟力相关的，大至人生哲学，小至生活常识，悟性使你面对大大小小的问题时能够把握分寸，能够理智地选择。

智慧固然在很大程度上取决于一个人的价值，却绝不是天生的，学识、阅历并善于吸取经验教训会使一个人迅速智慧起来。

智慧就这样一点点地从内心雕琢一个人，塑造一个人。智慧使女人能真正把握好自己，并获得从容自信，最后从周身透出脱俗的气质，使之从人群中脱颖而出。

智慧的女人是温柔的，智慧的女人是美丽的，智慧的女人是超脱的。

充满睿智的淑女犹如一杯醇厚的佳酿，外表深不可测，喝一口下去，滋味却在喉头燃烧，叫人回味无穷。

不过说起对"智慧"的理解，也是因人而异，远近高低各不同的。

一位贤妻，在丈夫事业陷于困境时，能从容地带好孩子，同时又给丈夫营造一种宽松的生活氛围，这同样是一种智慧的表现。

一个职业淑女，在自己事业做得很出色时，不咄咄逼人，给周围的人一种和风细雨的感觉，这也是智慧的表现。

一个令男人心醉神迷的淑女，能在众多的诱惑面前把握住自己，不偏离生活的轨道，这难道不需要智慧吗？

总之，丰富自己的内涵，不断学习，掌握各种技能，提高自己的生活品位，让你的人生充满智慧，是现代女性的选择。

🦋 平淡从容才是真

女性的美丽只是人生中一个很短暂的时光，而平淡从容的真性情才会伴随你的一生。

美丽的少女清纯可人，她们面若桃花，修长丰满的身材充满了青春的活力，飘逸的长发令人怦然心动。他们年轻、健康，对生活充满了美好的憧憬，男孩子的赞美追逐，更增添了她们的娇艳与自豪。但是，少女的美丽就像夏天的鲜花，虽然娇嫩欲滴，有时却经不起风吹雨打；随着年龄的增长，随着婚姻生活的开始，家务琐事便会接踵而来，美丽的鲜花便会迅速凋零。

青春的花开花落使女人疲惫，四季的风花雪月让女人不堪憔悴，世事的纷乱，滚滚的红尘，磨砺着女人细腻柔软的心。迈过了30岁的人生，开始慢慢步出热烈、灿烂的青春季节，岁月不只是刻在女人的脸上，更沉淀在女人的心里。这时的女人，被一种淡然、从容、柔和的氛围所包围。淡淡的风、淡淡的云伴随的是淡淡的梦、淡淡的情，不再有年少时的无病呻吟。这时的女人更像一杯清茶，"落花无言，人淡如菊"，煎茶闻香，养心颐性。

淡然的女人崇尚简单的生活，淡淡地来，淡淡地去，少而又少的出头露面换来的是灵性的清净，对人生、对社会的宽容和不苛求，得到的是自己内心的宁静和有条不紊。

淡然的女人对工作和事业不断地努力，足以维持体面，但不忘乎所以，女强人不是她们，因为她们知道，人生需要执着，但更重要的还是随缘。简单地活着，善良、率直、坦荡，就使女人有时间和心情去品评人生的况味，享受人生的乐趣。滚滚红尘中，淡然的女人拒绝练就那种放荡不羁的性格，爱自己胜过爱一切。

淡然的女人会在世事的牵累、终日的忙碌中，偷出空闲来修饰自己、滋养自己，用自己淡然的心境去呵护那长长的秀发，呈现出来的是清晨阳光般的笑容、端庄的气度、深厚的内涵。白日的尘埃落定，灯下的女人会读一点书，看一段散文，修复日渐消退的灵魂，使自己依然温婉和悦。爱上一个人，千丝万缕的心事托付于他，温柔宽容地待他，岁月离合，执子之手，生死契阔。江湖之中，放达宽厚，修炼从容的情态、健康的心智。淡然的女人知道，爱恨情仇，恩怨得失，虽无法忘记，但可以宽容的心境面对，把沧桑隐藏在心底，让一切慢慢沉淀在记忆里，因为自己清楚，有些记忆的唯一归宿是从心灵到坟墓。远离刻薄和庸俗，明白什么是爱，什么不是爱；什么是属于自己的，什么是不属于自己的。女人活着要有自己的目标，它可以大可以小，可以崇高也可以平凡，但不能没有。

淡然的女人像秋叶般的静美，淡淡地来，淡淡地去，淡淡地相处，给人以宁静，给人以淡淡的欲望，活得简单而有味道。这种淡然实在是一种人生难以企及的境界。

从容淡定的女人总是笑看人生。虽然她们已不再年轻，也许颜面已刻上岁月的印痕，但美丽而坚强的女人不会惧怕岁月在她们脸上的刻痕，也许病痛可能已经在折磨着她们的健康，或许世态炎凉已把她们年轻时的梦打碎，但她们永远不会灰心。人生路上，她们仍会以矫健的步伐勇往直前，把欢乐和笑声传递给他人。她们是生活中的强者，也最具人格魅力，是最美丽的女人。

从容淡定的女人总是微笑着面对困难、面对环境。她不为日常琐事而计较，不为生活的压力而焦虑，不为现代人儿女情长的善变而烦恼忧郁。失意时，她用笔记录潮起潮落的心绪，寄给远方的亲友一同勉励；挫折面前，她告诫自己重新振作，适应新的处境；苦难面前，她命令自己跨过颓废，去拥抱新一轮的太阳。

从容淡定的女人总是善待人们、善待生命。寒冷的冬日，她将安慰的话语送给沮丧的同事；落日的黄昏，她把省吃俭用的工资凑给不幸的邻居。她忙家务、跑业务、学电脑、考外语。别人眼里，她大大咧咧又有条有理；亲人眼里，她是老人天伦之乐的轴心，是后代茁壮成长的动力。

从容淡定的女人是水，随着时代的进步，不断调整生活的节奏。在山涧小溪她是单纯清澈的水滴，在飞天瀑布她是奋不顾身的飞花碎玉，在浩瀚的大海，她又如汹涌的波涛一次次朝礁石撞击。

从容淡定的女人又是一幅画，一幅清新隽秀的山水画。无论外界风卷云涌、世事变迁，内心总是一派处事不惊、安详宁静的意境。

这样，任光阴荏苒，任青丝染成白发，从容淡定的女人总能追寻生活的乐趣，总能发现美丽的风景。哪怕身心一次次受伤，哪怕生活一次次受挫，随意的女人更加宽容、更加感恩，更加呈现出历尽沧桑却依然随遇而安的美丽。

法则 8 声望

优雅得体的言谈举止是女人的法宝

赫本告诉你 >>>

一个女人的美不在于她穿的衣服，不在于她的身姿，也不在于她梳的发型。

美丽的眼睛能发现他人身上的美德，美丽的嘴唇只会说出善言，美丽的姿态能与知识并行，这样就永不孤单。

在越来越突破性别的社会中，女人如何树立起自己的个人品牌，取胜于高手如林的人才社会？社会PK台上，她们如何成为大赢家？

微笑是最美的语言

一个人如果想让自己看起来很美，那么微笑是少不了的，尤其是女人，微笑更能增添你的魅力。

在社交场合，轻轻地微笑可以吸引别人的注意，也可使自己及他人心情放松。微笑的女性总是有魅力的。

女性的微笑和她们的眼泪一样，具有让男人无法抵挡的杀伤力。《诗经》里以一句"巧笑倩兮，美目盼兮"描绘出了女人笑容的最高境界，这就是"回眸一笑百媚生，六宫粉黛无颜色"的原因。在古代，女子以"笑不露齿"为美；在现代，这一标准早已被颠覆了。有一口雪白、整齐的牙齿，是件羡煞旁人的事情。如果女性有着漂亮的牙齿，那么在笑的时候不妨微笑，张开双唇，露出六颗牙来。白领女性要是以古人为榜样，乐的都已经绷不住了还时刻记着"笑不露齿"，那别人肯定会怀疑："这个人是不是有蛀牙？或者是需要吃口香糖来清新口腔？"

难以想象板着的脸、怒气十足的脸、凶悍的脸会是美丽的。女性在微笑的时候，一定要表现出温馨、关切的表情，这样能有效地缩短与对方的距离，给对方留下美好的心灵感受，从而形成融洽的氛围。

无论在什么情况下，都应该学会随机应变，用微笑来对待每一个人，还可以让人觉得你有良好的修养。

微笑有一种魔力，它可以使强者变得温柔，使困难变易，它是人际交往的润滑剂。微笑是一门学问，又是一门艺术，女性朋友们应该学会巧妙地运用，这样，她们在异性的心中就会魅力大增。

一定要记住的是，微笑要发自内心，不要假装。要自然、美好、真诚。切忌虚假造作地微笑。微笑时把对方当成自己最真挚的朋友将会让你笑得更真诚。

欣是一位娇小玲珑的温柔白领丽人，丈夫高大魁梧，性情火爆，但在家庭生活中俩人却很少发生激烈的争执，究其原因，她说："他气头上时我从不火上浇油，不论他多么生气，我都对他微笑。一般来说，他很快就平静下来。因此，有时他嘴上不服输，但终归还是听从了我的劝告。面对他的火爆，我只有微笑。微笑一方面暗示他事情没那么严重，以减轻他心里的压力，另一方面暗示他这是不可取的办法。当然，当微笑不起作用时，我会用简洁而有力的话语警告他，但我绝不和他吵，偶尔一次地放下脸来，他会震惊，自然会三思而后行。我有99%的柔，但有1%的刚，我不柔得一塌糊涂。"

微笑是彼此沟通的钥匙，用微笑能打开人们心灵的窗户。微笑使人脸上透着安详、慈善，它是一剂镇静剂，使暴怒的人瞬间平静下来，使惊慌失措紧张不安的人立刻松弛下来。成熟白领的微笑让人感到慈祥的母爱。

微笑不仅能传达出许多语言无法传达的信号，还能够美容。

香港美容专家陈安妮女士对"精神化妆"法深有体会，她很坦然地说："有些妇女遇到开心的事也不敢大笑，怕带来皱纹。其实不必担心，我就爱笑，可一条皱纹也没有。"

心境是会写在脸上、身上的，心情愉快时，和人擦身而过，对方从你的脸上表情、走路姿态都能感受到你的快乐。仿若春风拂面一样，他也会感到一丝的喜悦。

微笑，是自信的流露。脸上时刻挂着微笑的女人，让人备感亲切。她能够与人相处得很好，很容易与别人进行心灵沟通。一种内在的真诚的微笑，会为一张平凡的脸增添光彩。

让人记住你的声音

除了举手投足这些肢体语言以及话语能表现女性魅力之外，话语的承载体——声音也是女性展现完美气质的重要法宝。女人若有一副甜美的声音，听起来就会非常悦耳，就像美丽的外表一样，给人一种赏心悦目的感觉。

在与人交往时，给人的第一印象除了举止仪态之外，那便是声音了。一个好听的声音，在人际交往中有着举足轻重的作用。有人说，在决定第一印象的要素中，仪表与声音可以各占一半。因为只有开口说话，才能决定他人对你的真正印象。如果一个人的外表很美，说话的声音也很美，那就等于在交往中长了两只翅膀。

声音的感染力是非常大的，我们有时候在打电话时听到娇美、圆润、有磁性的声音，真想同她多聊一会，猜想是一个年轻的、热情的、富有感染力的人，而实际上她比她的声音大10～20岁。但在办公室中，很多人对于女性说笑时发出的尖叫声和娇嗔状非常反感，因而注意自己的发声非常必要。

训练自己的声音甜美、柔性，并不是让我们的声音一定要像播音员一样标准，但每一个人应该有自己的声音特点。当你开口说"您好""您辛苦了""您费心了"等，磁性柔和的声音会让对方感到温暖和自然，会增加对你的亲近。我们可以多模仿播音员的声音每天读一段，或师从声乐老师学一点发声方法，让自己在说话时，气沉丹田语气平和，声音靠下靠后。

一个女人说话是要讲技巧和分寸的。所说的话是否有魅力，直接影响到她是否对对方具有吸引力，也关系到她是否具有良好的人缘。

肯定语气和积极语态代表一个人的自信和开朗，聪明与纯真，豁达与宽容。我们在职场中每天都会遇到各种各样的问题、各种各样的人，也会遇到各种各样的陈述和提问。如果我们经常用"你考虑是对的""你想的比较周全""我也是这样想的""但是我还想补充""我认为还可以这样做"等，那就是别人的陈述得到了你的认同时，他既得到了尊重，又得到了满足，心理上马上会与你拉近距离，当你转折或提出不同观点时，他也会比较容易接受。这就是聪明的女人，有智慧的女人。

不要抢着说话，沉默也是一种美。

中国的文化传统中良好的女性形象是少言寡语、笑不露齿、温柔体贴的，这也是当今社会许多男人所推崇的女性形象。我们生活和工作的目的并不是为博得男人的喜欢，但我们父辈及老师们受到传统文化的影响也培养我们要具有这些性格特征，因而女人味儿在语言方面还要表现出不抢着说话，善于听别人说话，常常用甜甜的微笑听别人述说。这既符合中国传统文化对女性的要求，又增加了神秘感。不抢着说话，对方不知道你是赞同还是不赞同、欣赏还是不欣赏。

沉默是一种美，沉默是金，沉默给人一种神秘感。神秘莫测会充满诱惑力，也产生距离感。沉默给了自己思考的时间，也给自己留有了余地。

注意多充实自己。仅仅具备一般的谈话技巧是不够的，还要注意不断吸收各方面的知识，多读多看多听。只有这样，你才能不断有新鲜的话题，而且不论同什么人都能饶有兴趣地谈话。

语言得体才有好人缘

很多女人十分注意自己的服饰与化妆，然而却很少注意提高自己的说话水平，这不能不说是一个遗憾。要想成为广受欢迎的魅力女性，除了外在美之外，口才也是不可或缺的一环。

对于一个成就事业的女人来说，出色的书面表达能力固然重要，但出众的口才其实更重要。因为书面表达是可以由别人代替完成的，而口头表达却是别人无法代替的"金字招牌"，因而，口才是女人在成就事业的过程中一项重要的真本事。有了好口才，你可以更多地了解别人，也可以更多地为人所了解；有了好口才，你可以在成就事业的过程中立于不败之地。一个不善言谈的人，就好像鸟儿没有了羽翼，在学习、生活、社交、工作上会遇到极大的障碍，而谈话不注重礼节又会影响自身的形象和说话的效果。

说话的威力甚大。俗话说，良言一句三冬暖，恶语一句六月寒。人们说一个人口才好，就是称赞他会说话。

许多成功人士告诉我们，口才是职场、商场竞争中的法宝，更是生活幸福的保障。口才的作用和价值非同小可，是我们提高素质、拥有幸福的重要途径。

世界上没有任何一个正常人不需要讲话、不需要交流的，也没有任何一种工作不需要和别人打交道。而人与人之间交流，最方便的途径就是语言。通过出色的语言表达，可以使相互熟识的交情加深，可以使陌生人产生好感，可以使有分歧的人互相理解，可以使互相仇恨的人化干戈为玉帛。

一句话，语言能力是一个现代人才必备的素质之一。说话不仅仅是一门学问，还是你赢得事业成功的资本。所以，拥有好口才，就等于拥有了辉煌的前程。一个人，不管你生来多么聪颖、接受过多么高的教育、穿着多么漂亮的衣服、拥有多么雄厚的资产，如果你无法流畅、恰当地表达自己的思想，你仍然无法真正实现自己的价值。

卓越的口才对于女人，是增加自身人格重量的砝码，是事业上可以披荆斩棘的利剑，是生活中可以安身立命、彰显魅力的资本。

成功一定有方法，失败一定有原因。要想练就过硬的口才，并不是我们想象的那么容易，但同样也不是我们想象的那么困难。只要掌握技巧和方法，成为说话高手，并非难事。

那么，与人交谈时应注意哪些方面呢？

一、谈话时态度要诚恳、热情、自然、大方

说话要"诚"。即"言为心声、语为人镜"。真诚是谈话成功的第一乐章，是交谈的基础。据研究表明，各种感官对刺激的印象程度，视觉占87%，听觉占7%，嗅觉占3.5%，味觉占1%，可见，谈话的态度，对于交谈来讲至关重要。

真诚的交谈有利于创造融洽的气氛，使人感到亲切自然，使交谈顺利进行。试想，谁愿意和一个冷言冷语、扭扭捏捏、半吐半咽、虚情假意的人说话呢？

二、语言要准确、精练、通俗易懂

交谈的目的在于与人沟通，故表意一定要准确得体。词不达意、语无伦次、病句连篇、啰里啰唆，是与交谈的目的相背离的。要想做到表达得体，精练简洁，就要平时注意用语的积累，做词汇的"富翁"。作家冰心把词汇比作"存款折子"，存折上的财富愈多，你手头就愈富裕，用起来就愈方便。掌握的词汇越多，表达自己的思想感情就会越清楚、越准确、越充分、越自然、越流畅。

三、交谈要讲究艺术，恰当有礼

"恰当有礼"，其实就是一个"得体"的问题，即要把话说得适人、适情、适时、适地。话是对人讲的，所以说话要注意"因人而言"，也就是要看对象说话。俗话说，到什么山唱什么歌，见什么人说什么话，就是这个道理。因为这样谈话会更具有针对性，容易引起共鸣。"因情而言"，即说话时要考虑对方的心情，好的心情才能营造出愉悦的谈话氛围，有利于进一步沟通交流。"适时、适地"即讲话要注意时间、场合。即使是一句表达关切的话语，在不同时间、场合说出来，效果也会大为不同。

四、说话还要注意禁忌

禁忌是一个颇为复杂的民俗现象，既然为人所忌，触及即为无礼，所以说话应十分注意。

（1）要避免谈对方生理上的缺陷、疾病等不愉快的事。

（2）避免触动对方心灵深处的创伤。比如工作中的失误，父母离异、亲人病故、大龄青年、久婚不孕等，在交谈中你贸然触及，给对方带来怎样的痛苦和打击是可想而知的。

（3）不询问妇女的年龄、婚否，不直接询问对方的履历、工资收入、家庭财产等私人生活方面的问题。

（4）忌用不雅的语言。言语文雅是中华民族的传统美德，是一个人修养、学问、品格的标尺，有伤文雅的话一出口，就无形降低了自己的身份，张口就是粗俗或下流的口头禅，别人会因厌恶而远离你。

（5）不可忽视对方的习俗。百里不同风，千里不同俗，与人交谈注意对方的习俗是对别人的尊重和友好。如果不注意避讳，就会造成"话不投机半句多"，落得不欢而散，达不到沟通交流的目的。

语言得体才有好人缘。如果一个女人学会运用得体的语言，具有良好的说话能力，那么，她一定会展现出无穷的魅力，无论是立身处世，还是交友待人，都一定会挥洒自如。

❀ 良好修养是女人最动人的魅力

女性的魅力不是刻意地与众不同，而是不经意的流露。个人修养深厚的女人总能适时地把自己的魅力流露出来。女性的魅力体现在气质上。一个有气质的女人能够吸引众人的目光，而这份让人无法抗拒的魅力就是来源于女人的内心，来源于她深层次的修养。

女人的修养使女人综合能力和素质的体现，它反映着女人为人处世的态度，以及在知识、人际交往等层面的水平。良好的修养能给予女人一种自信、大气以及抑制不住的魅力，甚至会使一个原本相貌平平的女人瞬间变得美丽，这就是修养的魔方。

一个有修养的女人在生活和工作中能潇洒自如地展示她的个人魅力，从而成为女人本身独具的资本。魅力并不仅仅是女人的外貌仪表、言谈举止，更包括了女人的个性、品位、为人处世、生活态度等。每一个在社会中生存的女人都在致力于提升自己的个人魅力，让万千目光集于自身。

在人才辈出的当今社会，一个女人只有勇敢地表达自己，让更多的人认识到她的魅力，才能获得最后成功的机会。虽然机会对每个人都是公平的，但是如果你只知道含蓄沉默，即使你看到了机会，你也不可能抓住它。有修养的女人总是在做事时充满自信的魅力，她自信自己有能力抓住机会，她渴望成功，在需要的时候能用自己的良好修养来展示自己，最终把机会紧紧握在自己手中。

良好的修养能让女人在与别人初次见面时给对方留下的深刻印象，魅力只有在不知不觉中展现给别人才能转化为真正的影响力，进而成为一种吸引力，具有修养魅力的女人往往更能赢得他人的垂青。

在人生道路上，也许有些女人没有轰轰烈烈的经历，但是她们仍是生活中的强者，也是最具人格魅力，最美丽的女人。面对困难和错综复杂的人生，有修养的女人总是微笑着，不为日常琐事而计较，不为生活的压力而焦虑，不为儿女情长的善变而忧郁烦恼。她们爱惜自己，没有世俗的圆滑，只用善良、率真、坦荡的心品评人生，享受生活的乐趣。她们会在世事的牵累中修饰自己、滋养自己，用淡然的心态呵护自己，让笑容如阳光般灿烂。不断地修炼自己从容的心性和健康的心智，使淡然的女人在职场上练达宽厚，气定神闲。

唯有时刻提升自己的修养，增强自己的自信心、影响力，将它们转化成自己个人魅力的源泉，才能在这场人生的考验中脱颖而出。同时，有修养的女人要拥有一颗从容的心和淡然的心态，以淡然和包容为人处世，这是女人一生的幸福。

🐾 用好赞美的通行证

赞美是人们的一种心理需要，是对他人尊敬的一种表现。恰当地赞美别人，会给人以舒适感，同时也会改善我们的人际关系。聪明的女人不但懂得如何赞美别人，而且能够在赞美别人的同时实现自己的目的。

大文豪马克·吐温曾说过："一句美妙的赞语可以使我多活两个月。"这句话直接道出了整个人类在精神上的需要——赞美。赞美能赋予人一种积极向上的力量，能更大地激发对事物的感情。在人与人的交往过程中，给予对方适当的赞美，会迅速获得对方的好感，赞美具有一种不可思议的推动力量。在人际关系中起着举足轻重的作用。

真诚的赞美，就像沙漠中的甘泉一样，能滋润人的心灵。在我们赞美他人的时候，他人也就会在乎我们的存在价值，因此，聪明的女人能够从对他人的赞美中获得一种不容易获得的成就感。女人要懂得赞美别人，因为在赞美别人的同时，你也会收获来自别人的赞美。

有这么一个真实的故事。有一个在大型公司工作的清洁工，本来是一个最被人忽视，最被人看不起的角色，但就是这样一个人，却在一天晚上当公司保险箱被窃时，与小偷进行了殊死搏斗。

事后，有人为他请功并询问他的动机时，答案却出人意料。他说：当公司的女经理从他身旁经过时，总会不时地赞美他，"你扫的地真干净。"

就这么一句简简单单的话，就使这个员工受到了感动，并不惜以生命来捍卫公司的财产。由此可见，赞美是一种多么伟大的力量。

赞美之所以如此被人们喜欢，最主要的原因就在于对他人的赞美能满足他们内心的自我需求。如果我们以诚挚的敬意和真诚的赞扬满足一个人的自我，那么无论是谁都会变得更通情达理，更乐于和我们协力合作。

赞美他人能沟通自己与他人的感情。一般来说，每个人都希望得到别人的赞美，因此，在社交中，聪明的女人懂得有效地利用这个"武器"。

那么，我们该怎样去赞美他人，赞美有哪些要点呢？

一、赞美应该是真诚的

真心诚意是所有人都在意的，赞美应该实事求是，而不是夸张，更不是虚伪。毫无根据的夸奖，反而会让人产生你在拍马屁或者怀有某种目的，那么肯定就对你的赞美持怀疑态度。聪明的女人在赞美他人时，会用自己的真诚让对方相信，自己是真的欣赏他，自己有充分的理由去赞美他，自己对他的优点和长处是真心真意地佩服。这样才能达到赞美的效果。

二、赞美应该是具体的

越具体明确的赞美，越能收到高的成效。含糊其词的赞扬会让人觉得空洞无物，甚至可能引起一些误会。

那么，怎样的赞美才是具体的赞美呢？一般来说，赞美需要恰如其分，避免空泛含糊，而做到具体的赞美，可以通过细节小事上的肯定来实现，越是细节上的赞美越能体现我们对对方的关注。尤其是对一些不突出的优点进行赞扬，更能收到良好的效果。比如赞美一个女人漂亮，老套的"你长得真漂亮"，显然就没有"你的头发简直像黑丝绸一样"的效果那么好。

三、赞美的话最好背后说

赞美应该间接而无意，在当事人不在场时对他进行赞美的方式，比当面赞美所起的作用更大。一般来说，背后的赞美都能通过听话者传达给本人，这样除了能激励被赞美者之外，还能让他感到你对他的赞美是诚挚的，因而更能增强赞美的效果。而这种间接的赞美往往又是无意的，因为其出于内心，而且不带私人动机，更容易获得他人的好感。

四、赞美应该慎重

赞美虽然是融洽人际关系的润滑剂，但也不能没有限制的赞美，否则就会像泛滥的洪水，带来负面的作用。因此，聪明的女人懂得把握赞美的频率，我们应该记住，人们需要赞美，但千万不要轻易赞美。心理学家指出，在特定时间内，一个人赞美他人的次数，尤其是赞美同一个人的次数越多，引起被赞美者的反感程度就越高。假如我们过于频繁地赞美一个人，非但对方对我们的赞美感觉无所谓，而且可能认为我们是献媚者，在这种情形下，赞美多一次，别人的警惕和反感就增加一分。相反，人们总是喜欢那些对自己的赞美在短时期内没有明显增加的人，喜欢那些自始至终赞美自己的人，更喜欢最初贬低自己而后来逐渐赞美自己的人。因此，女人不要随意就抛出自己的赞美，那样的话，赞美的价值就会打折扣。

五、赞美应该及时

当你突然发现了别人的某些优点时，不要犹豫，要立刻告诉他，这样更能赢得别人的好感。假如你在第二次碰面时告诉对方："你上次穿的裙子很漂亮，很适合你的气质。"别人会怎么想，"那你为什么上次不说呢？""是不是我这次穿的衣服不好看"，这样的想法显然不是你自己想要的。假如在别人已经赞美了对方的某个优点时，你再说"的确是这样，你在这方面真的很棒"，恐怕会让对方认为，要么你没有诚意，要么你在随声附和。因此，聪明的女人懂得，赞美也是有时效性的，要懂得在第一时间去赞美别人。

总而言之，女人要学会掌握赞美他人的原则和技巧，千万不能"出口乱赞"，在赞美别人的同时也得到他人的赞美，让赞美为自己的幸福和成功保驾护航。

🦋 有礼淑女

礼仪修养是一个从认识到实践的不断反复不断提高的过程。要使自己成为一个知礼、守礼、行礼的人，就要将礼仪化为行动，再贯彻到行动中去，从而达到提高修养、完善形象的目的。

个人形象主要是指一个人的相貌、身高、体形、服饰、语言、行为举止、气质风度以及文化素质等方面的综合表现。白领女性用礼仪来规范自己的言行、仪容、仪表，是展示个人良好形象的有效途径。

在人际交往中，根据交往的深浅程度，可将人的形象分为三个层次：即对于那些只知其名未曾见面的人来说，一个人的形象主要与他的名字相关；对于初次相见只有一面之交的人来说，他的形象主要与他的相貌、仪表、风度举止相关；对于那些相知相交很深的人来说，他的形象更多的是与他的品行、文化、才能有关。可见，第一印象是由人的相貌、仪表、风度举止等综合因素构成的。对于女性来说，留给别人良好的第一印象，可能是成功的前奏，因为交往的第一印象具有"首因效应"，并会形成较强的心理定式，对以后的信息产生指导作用。因此，作为一个白领女性，对"第一印象"应予以高度重视，要充分利用"首因效应"，以礼仪知识、熟练的礼仪技能和礼仪技巧作为手段，对自身的形象精心设计，展示出充满魅力的白领风采。

外形的美丽，常常指的是漂亮的五官、健美的身段及得体的服饰等这些表象的东西，而内在的美包括的内容则更多、更重要，二者的结合才使人更有教养和风度。若一位白领女性天生丽质，但如果她整日浓妆艳抹，满身名贵饰品，充其量人们只会承认她阔绰，而绝不会称道她的"品位"。一位先生能说会道，侃侃而谈，古今中外天上地下无所不及，但如果他满嘴脏话，恐怕人们也不会恭维他的教养。当然，对一个人教养与风度的评判，不能仅以自己的好恶为标准，而应以社会的共识尺度为标准，它要求每位白领女性讲究礼貌、仪表整洁、尊老敬贤、助人为乐等，如果她的一言一行与礼仪规范相吻合，人们定会赞美他的教养与风度。

古语日：礼者，敬人也。敬人者，人恒敬之。尊敬他人是获得他人好感进而友好相处的重要条件。反之，自高自大，忽略他人的存在，那就很难看到他人的配合，而且是一种不懂礼貌的表现。比如与人初次相见，对方递上名片，你连看都不看一眼就装入衣兜或随便一放，对方肯定内心不悦。如果此人是想为你效力而来，这时肯定会想，这种人值得自己付出吗？如果你用双手将名片接过，用不少于30秒钟的时间从头到尾地看一遍，并客气地向对方道一声"谢谢"，对方内心肯定会有一种被人重视的优越感，从而营造一个良好的氛围，为话题的深入与事情的进展打下一个好的基础。

尊重人类自然的感情，令他人不感到拘束和生疏，让人与人之间的关系更温馨和谐，这是每一个希望自己能成为优雅的女人所应当而且必须做到的。

事实上，一个懂得社交礼仪、举止得体的女人想不优雅都难。

人的表情是一种无声的语言，人的七情六欲，都可以通过面部表情展现出来。而人的七情六欲又决定了人的仪态是否优雅。优雅的仪态又在人的日常生活中起着至关重要的作用。

总之，人们的礼仪修养，只有在交往和实践中才有可能形成。任何礼仪修养，如果不与实践相联系，也将起不到任何作用。

✍ 优雅气质凸显女性魅力

对于女人来说，容貌美并不等于她的仪表美、气质美。相反，有些女孩相貌平平，但由于她有优美的风度，特殊的气质，反而显得吸引人。

女人是美丽的。女人的美丽是一种挡不住的诱惑，是一种说不清的魅力。女性真正的美主要体现在她们身上具有的特殊气质，这种气质对人有着异常的吸引力。

人们知道，气质是一个相对稳定的个性特点以及风格。性格豪放、潇洒大方，往往表现出一种聪慧的气质；性格开朗、风度温文尔雅，多显露出高洁的气质；性格直爽、风度豪放雄健，气质多表现为粗犷；性格温柔、风度秀丽端庄，气质则表现为恬静……一个女人，无论聪慧、高洁，还是粗犷、恬静，都能让人产生一定的美感。相反，那种刁钻奸猾、孤傲冷僻，或卑琐萎靡的气质，除了使人厌恶之外，没有什么美感可言。

在现实生活中，有相当数量的女性只注意穿着打扮，并不怎么注意自己的气质是否合乎美的标准。诚然，美的容貌、入时的服饰、精心的打扮，都能给人以美感。但这种外表的美总显得浅淡短暂，如同天上的流云。如果是有心人，则会发现气质给人的美感是不受年龄、服饰和打扮所制约的。而真正的美首先来自气质。

女性的气质美首先表现在丰富的内心世界里，理想则是内心世界丰富的一个重要方面，因为理想是人生的动力和目标，没有理想和追求，内心空虚贫乏，是谈不上气质美的。品德是女性气质美的一个重要方面，为人诚恳，心地善良，对爱情专一，是中国女性的传统美德，也是现代女性不可缺少的品德。一定的科学文化知识会使女性气质大放异彩。因为科学文化知识既是当代女性立足社会之本，也是自身修养的一个重要方面。再者，女性的文化水平在一定程度上影响着家庭生活气氛和后代的成长。

气质美看似无形，实则有形。它是通过一个女人对待生活的态度、个性特征、言语行为等表现出来的。气质美还表现在举止上。一举手，一投足，待人接物的风度，皆属此列。人和人之间初交，互相打量，立刻产生了好的印象，这个好感除了言谈之外，就是举止的作用了。举止要热情而不轻浮，要大方而不造作。

女性的气质还表现在温柔的性格上。这就要求女性注意自己的涵养，要忌怒、忌狂、忍让、体贴。那些盛气凌人、傲气十足的"铁姑娘"，会使大多数男人敬而远之。温柔并非沉默，更不是逆来顺受、毫无主见。相反，温柔的性格往往透露出天真烂漫的气息，更易表达内心感情，富有感情的人更能引起别人的共鸣。

高雅的兴趣也是女性气质美的一种表现。爱好文学并有一定的表达能力，欣赏音乐且有较好的乐感，喜欢美术而有基本的色彩感，热爱舞蹈有一定的舞蹈素质，其他如游泳、滑冰、栽花、养鱼、编织、缝纫等，都会使女性的生活充满迷人的色彩。

有许多女性并不是传统意义上的大美人，但她们身上却洋溢着夺目的气质美：科学工作者的认真、执着；教师的聪慧安详；作家、诗人的洒脱、敏锐；企业家的精明、干练；个性劳动者的勤快、自信；大学生的好学上进、朝气蓬勃……这是真正的美，和谐统一的美。

追求美而不亵渎美，这就要求每一个热爱美、追求美的女人都要从生活中悟出美的真谛，把美的形貌与美的气质、美的德行结合起来。只有这样，才能获得真正的美，才是真正的美。

即使不是天生丽质，做个迷人的女人也不难，那就是让女人身上具有独特的气质之美。每个女人身上都具有一些不为人知的优点，都有些甚至是自己都不十分清楚的闪光点，把这些优点显现出来，就可以为自己赢得出色的气质之美。

个性鲜明，充满魅力，这永远都是女性出色的保证。女性知道把优雅迷人的气质当作财富，以人格魅力为中心形成一个独特"磁场"，吸引志同道合者与她们共创美好的事业。

成熟、优雅的气质，无疑是女人生命中最美丽动人的风景之一。出色的女性往往都具有独特的气质，她们的着装打扮、言谈话语、举手投足，都表现出一种与众不同的风格，这风格就是她们各自独特的气质美。这种优雅迷人的气质表现她们的魅力，传达她们的信念和原则。从某种意义上讲，女性的气质既是一种力量，又是一种财富。她们的一举一动，一颦一笑都会令她们向成功靠近一步，从而"赢"得出色与完美。

法则 9 仁慈

爱心无限，幸福无边

记住，当你需要帮手时，那只手就长在你身上，当你长大后，记得你还有另一只手：一只手是为了帮助自己，另一只手是为了帮助别人。

女人之美不在五官而在其内心折射的真美。这就是她给出的关爱和她表现的热情。女人的这种美是随着岁月流逝而增长的。

当你用爱心去拥抱这个世界的时候，同样也会得到这个世界回报给你的爱。怀着感激之情，学会宽容，你的心灵天空才会是美丽的、宽广的，你才会拥有和谐、圆满的情感生活，你才能寻找到幸福的真谛。

时刻怀着感恩之情

当父母用爱心把我们带到这个世界上的时候，我们同样也应该以爱心回报这个世界。

美丽的女人永远有一颗感恩的心。心中没有真正的感激之情，便不可能享有人生的美好。你若有心，则仅仅为了还活着，还能全力投入手边的工作，就该心存感激。你独一无二的存在是个奇迹，你寄寓的世界也是个奇迹。不必来到山巅才能激起你的感激之情，任何时候只要你稍歇脚步，凝神体会自己活在这地球上的事实，你的灵魂自会轻叹一声："谢谢。"

如果你想要拥有美丽，但怎么也想不起来这些篇章里所说的任何一种方法，那就专注于感恩的心吧。想一些令你觉得内心感激的事，让自己全心全意地沉浸其中；令你心怀感谢的或许是孩子的健康平安，或许是朋友对你从来不间断的关爱；也许你会为早晨能从舒适的床上悠悠醒来，并且有早餐可吃而心存感激；也或许你曾经历了长久以来种种自我毁灭的行径之后，仍能存活至今而感谢上苍。不要保留、不要抗拒，就让自己淹没在感恩的洪流里吧，女人的美丽就在其中。

时时心存感激，你的生命便是一篇有力的祷词。我们常以为祷告是向更大力量寻求帮助或恳请赐福，而在我们的生活当中，总有些时候、在某些地方，会很需要外力的指引或帮助。然而"祈祷"这个字的本意其实是"称颂赞美"。人类自古便知道，以祈祷感谢上苍创造万物，并歌颂生命的美好。这样的祈祷，是传送人类感激之情的通道，连接我们与自身对生命的热爱，并提醒我们，美丽其实一直源源不绝地降临在我们身上。

有一位美国的精神导师认为：人类长久领受了上天的赐予，祈祷是我们借以回馈造物者的一种方式。地球赐予我们以立足的家园。空气让我们呼吸生息；水使我们活命维生；阳光为我们保暖，并照亮我们的道路。感恩，让我们回归平衡的生命。

我们的祈祷和赞美如何能影响这大宇宙？祈祷和赞美是一种动力，是一种爱的共鸣；而在宇宙中，所有的共鸣必互相联系和影响。当你心怀感激，你便是以具体有形的方式关爱这宇宙万物。

如果你就坐在窗户旁，看看窗外，仔细瞧瞧那些绿树，或是和你在这个星球上做伴的人们，或是让你得以看见眼前美景的日光，然后说一声"谢谢"，大声地说，你会觉得很舒服，你的脸上会出现微笑。

如果你在家里，冰箱里又正好装满了大地慷慨供应的各色食物，打开冰箱门，看看这些种类繁多又有营养的美味多么令人激赏赞叹，然后说一声"谢谢"。

走进孩子的卧室，细细端详他沉睡的可爱面庞。他们可是由造物主的智慧精心设计，借由你的身体而创造出来的。吻他们的额头，为他们盖好被子，然后说"谢谢"。

来一个深呼吸，感觉空气流入你的肺囊，为你的躯壳注入生命。吸气，同时也供应你每一次的呼气，这是天地间为使你生存下去的完美组合。再一次吸气，然后说"谢谢"。

当你感谢世间的一切的时候，你的心情也会随之愉悦起来。

温柔是一种美丽

温柔是女人身上特有的韵味。如果没有温柔的一面，再漂亮，再有个性的女人也会让男人敬而远之。

温柔是一种美丽。

它能折射出一个人的兴趣情调，品质修养。于社会，温柔折射出一个社会的时代风尚、文明程度。一个正常的、健康的女人，温柔在她身上作用无穷。

女性的温柔是民族遗风、文化修养、性格培养三者共同凝练所致。一个女人，善于在纷繁琐事忙忙碌碌中温柔，善于在轻松自由欢乐幸福中温柔，善于在柳暗花明时温柔，善于在关切和疼爱中融合情人与妻子两种温柔，善于在负担和创造中温柔，更善于填补温柔、置换温柔，这些是一个女人美丽的不可轻视的艺术。

温柔是一种美德，一种足以让男性一见钟情、忠贞不渝的美丽。的确，在男人挑剔的眼光中，盯着女人的才能同时心里还渴求温柔。在充满浪漫与憧憬的青年时代，外貌或许会占上风，可当从感性回到理性的认识中来就会越发明白：温柔比漂亮可爱。事实上也是，在季节的变迁、时间的轮回中漂亮的外表会失去光泽，而温柔将永驻。这自然形成的女性温柔古往今来给人间带来多少深情挚爱、温馨和谐，让男人不忘。

平平常常的日子，善于表现温柔，日子便过得有滋有味。复杂艰难的工作事业，学会温柔，循序渐进的工作事业便有不少新的创意。

上班，工作，休息，吃饭，一言一行，一颦一笑，一举足一抬头……女人温柔的手会时时光顾。

恋人的温柔似雾似花，有一份朦胧，有一份浪漫。恋人的温柔又若款款的催化剂，催促着爱情的花果早日绽放成熟。夫妻的温柔像一缕春天的阳光，像轮秋夜的明月，为生活平添着温馨和明净。夫妻的温柔又若高强度的凝结剂，为点点滴滴凝结的时光点缀着幸福。朋友的温柔是智慧的馈赠，会在困境里产生韧性的向上，得意时流露出成功的洒脱与飘逸……

温柔如风，可拂去心绪上的烦恼与忧愁；温柔似雨，可滋润心田上的干渴与浮尘；温柔像虹，能映照自暴自弃之人。男人需要女人温柔，正如女人需要男人阳刚一样，这是心理和生理的差异造成的，也是男人和女人之间的互补性要求。温柔是美德，是理解，是关怀，女人温柔一点无疑会给爱情加点巧克力。

女人，最能打动人的美丽就是温柔。温柔像一只纤细手，知冷知热，知轻知重，只轻轻地这么一抚摸，受伤的灵魂就愈合了，昏睡的青春就醒来了，痛苦的呻吟就变成甜蜜幸福的鼾声了。温柔是女人特有的美丽，哪个男人不愿意被这样的美丽击倒！

看一个女人善良不善良，就看她是不是温柔。人总是以善为本，如果善良是平静的湖泊，温柔就是从这湖上吹来的清风。一个不温柔的女人根本谈不上善良，就算她有倾城倾国的容貌再加上一千条优点和一千种特长，也绝不是美丽的女人。

温柔里面包含着深刻的东西，这就是爱。这种爱之所以深刻，是因为不是生硬地表演出来的，而是生命本体的一种自然散发。温柔可不是娇滴滴、嗲声嗲气。这里有真假之分。娇滴滴、嗲声嗲气是假惺惺，是故作姿态。而温柔是真性情，是从内心深处生长出来的本然的东西。

温柔说不清，道不尽，难以用文字描述其韵，是一个女人由内发至外的美丽之处。

愿女性朋友们，多一点温柔，那样，你不仅显得美丽可爱，而且你将得到你想要的幸福生活。

🦋 每天心情阳光

"海纳百川，有容乃大；壁立千仞，无欲则刚。"这句从林则徐宽容、正直无私的心田里滋长出来的至理名言，是其一生大公无私、大义凛然的真实写照。其中的"无欲则刚"出自《论语》，比喻为人唯有做到正直，没有任何私欲，方可稳稳挺立。

其实，人只要生存于世，在红尘中谋取或富裕，或高贵，或光宗耀祖，或摆脱困境，形形色色的"欲"望，就会在心里杂草般丛生。有"欲"则有动力，但凡事总得讲究个尺度。不然肆意横流的欲望过多、过大，就难免助长贪心；过多、过大的欲望，使欲壑难填也就成为必然。财欲、物欲、色欲、权势等世俗的欲望，往往会迷惑欲者的心窍，最终会导致后悔莫及的纵欲成灾，而刚毅耿直的品德，则会在没有世俗的欲望、阳光的心态中，灿然绽放出人性的光辉。

在这个各种各样欲望交织的现代社会，女人一旦有了过多的欲望，就会深陷欲望之壑，在沉浮不定的旋涡里绞尽脑汁，用尽一切心机，反而使自己陷入寝食难安的重重窘境，让愁云惨雾笼罩着自己阴暗的生活；让痛苦烦恼和忧愁，折磨着女人自己的心灵；让自己的身心在无尽的煎熬和悔恨中，受到千疮百孔的伤害；让女人在黑夜中万念俱灰，觉得生活没有乐趣。

所以，我们女人只有不被过多的欲望所操纵、所左右，淡然处世，每天拥有阳光心情，就没有那么多荣辱和得失的权衡，就没有恩恩怨怨的纠缠不清，我们女人不被羁绊的心灵，才会自由自在得像天上舒展的白云，像山涧中欢溅的股股清泉。

每天心情阳光，会使女人拥有快乐安然的心情，面对平淡而平凡的生活，让我们女人在感恩、知足的快乐心境里，更安稳、更踏实地认识生活、认清自我。放松的步履，才会随同放飞的心灵，一起轻松、超脱地飞翔。

每天心情阳光，使女人的品格在尘泥中自然得如同出水之荷，保持高风亮节；如同石岩间傲然挺立的苍松翠柏，任凭乌云翻卷，电闪雷鸣，依然心安理得地挺立在人世间。

每天心情阳光，不失为女人驰骋职场、愉快工作的一个经典法宝！

每天心情阳光，也是女人对自己的一种内省、关爱，对机遇的一种把握和珍惜，对幸福的一种积累和经营。

每天心情阳光，会使女人拥有一种平和淡远的心境，从而能持久、从容踏实地尽全力去完成女人自己应该完成的任务，去用心体贴自己应该关爱的亲人，从而获取本该属于自己的幸福生活。家庭和事业，是人生最大的两大主题。家庭幸福，是每个女人的梦想，事业成功同样令每个女人梦寐以求。巾帼不让须眉，如今的职场，早已不是男人的天下，女人以她独特的视角与体会，在职场争取到了更多一展身手的机会，注入职场新的活力；不论是在科研还是管理阶层，不论是在开发还是服务领域，女人都能凭借实力和男人一样全方位地参与竞争，她们在获得经济上富足、人格上独立、知识上富有的同时，有信心兼顾家庭和事业，使爱情和事业都能获得双丰收。女人深深懂得：美满幸福的家庭，是事业发展、壮大的稳固基础；事业的辉煌，使女人更有能力为家付出、为爱筑巢；家庭的幸福与事业的腾跃同时兼顾，于女人而言，是一件非常完美的事情。

他人的"逆鳞"不要碰

谁人无短处？对于自己的短处，我们自然不愿意别人提起！同样道理，我们也应该不提他人的短处，揭别人伤疤。所谓"己所不欲，勿施于人"，揭短不仅惹人讨厌，还会损害自己的形象。

我国古代有个关于"逆鳞"的典故。逆鳞是龙喉咙下面直径一尺的部分，龙身上只有这一处的鳞是倒着长的。无论是谁触摸到这个部位，都会激怒龙，被它吃掉。其实人也是如此，无论一个人的出身、地位、权势和风度多么傲人，也都有不能被人言及，不能被冒犯的角落，这个角落就是人的"逆鳞"。

人们因为成长背景的不同和经历的迥异，因此都有自己的缺陷和弱点，可能是天生的不可改变的身体缺陷，也可能是隐藏在内心深处的不堪回首的经历，这些都是他们不愿提及的"疮疤"，是他们在社交场合极力隐藏和回避的问题。要知道，任何人都不想被击中痛处的，这对任何人而言，都是一件令人不愉快的事。因此，聪明女人，不要揭人之短，揭他人伤疤，更不要用侮辱性的言语加以攻击别人身上的缺陷。即使非得提及，也要用委婉的言语来谈论。

很多人可以吃闷亏，但就是不能吃"没面子"的亏。任何人都是这样，不会让自己的面子挂不住的，在他们看来，面子就是尊严的象征。所以在激烈的竞争中，人与人之间还是应该保持和睦，尽量避免口舌争端。因为人在吵架时最容易暴露自己的缺点，在争吵中，双方在众人面前互相揭短，使各自的缺点都暴露在大庭广众之下，无论对哪一方来说都是不小的损失。

　　《菜根谭》中有句话说得好："不揭他人之短，不探他人之秘，不思他人之旧过，则可以此养德疏害。"聪明的女人一定明白这句话中的含义，不要与人针锋相对，最后很可能是两败俱伤。在工作的竞争中，聪明的女人不会表现出自己对某人的厌恶，而是用巧妙的方法掩盖。

　　日常的工作和生活中，我们常常听到别人谈论他人，在这种情况下，聪明的女人首先能够做到，以善意的态度劝告他们不要背后议论别人，尽量缩小议论的范围，更不会以讹传讹。聪明的女人还懂得回避对他人的议论，在不得已必须做出评价或说明时，也只是点到为止。而不是主动挑起话题，甚至添油加醋一番。聪明的女人能够避免不必要的猜测和误解，在这个问题上，聪明的女人还需要有自己的主见，有不怕被嘲弄和孤立的精神。女人们应该认识到，随声附和别人的议论是大错特错的。

　　所谓"打人不打脸，骂人不揭短"，女人在与他人交往时，要注意一些不能被提及的"禁区"。就如，我们不会在瘸子面前说短，在胖子面前提肥，在"东施"面前言丑一样。避讳不仅是处理人际关系的技巧问题，更是对待朋友的态度问题，尊重他人就是尊重自己。为自己留些口德，避免"祸从口出"。

🦋 宽容是深沉的智慧

在我们的生活中没有完美无缺的人，我们只有学会宽容别人，自己的胸怀才会像大海一样宽广，这也是一个人获得内心安稳的良方。一个幸福的人生其实也很简单，就是不要拿别人的错误惩罚自己。宽容之中深藏着一种充满爱的体谅，宽容别人成就自己一辈子的幸福。

纵阅历史，不能宽容他人而断送自己前程，甚至性命的负面典故不胜枚举。自古至今被大家津津乐道又痛惜不已的，当是《三国演义》中周瑜那句"既生瑜，何生亮"。周瑜年轻英俊、文韬武略，有许多优势其实是在诸葛亮之上的，但他缺少的恰是无法宽容诸葛亮的才智，才落得个含恨而亡的下场；庞涓因不能容忍孙膑的计谋比自己高明，挖空心思谋划毒计，只落得个拔剑自刎、自取灭亡的下场。断送掉自己前程，甚至性命，往往是心中难容下他人，喜欢斤斤计较之人，可见，宽容并不代表懦弱，而是在宽容别人的同时，迈过自己心中那片杂草丛生的危险门槛。

宽容别人、成就自己的正面典故，同样数不胜数。三国时期，蜀国在诸葛亮去世后任用蒋琬主持朝政。他的属下有个叫杨戏的人性格孤僻，讷于言语。蒋琬与他说话，他也是似理不理。有人看不惯，在蒋琬面前嘀咕说："杨戏这人对您如此怠慢，太不像话了！"蒋琬坦然一笑，说："人嘛，都有各自的脾气秉性。让杨戏当面说赞扬我的话，那可不是他的本性；让他当着众人的面说我的不是，他会觉得我下不来台。所以，他只好不作声了。反过来一想，这其实正是他为人的可贵之处。"这话传到杨戏耳里，他发自内心赞叹蒋琬"宽人之过容人之过，

真是宰相肚里能撑船。"还有蔺相如因宽容不与廉颇发生冲突，总是退让，终使"负荆请罪"的故事代代相传。宽容就在自己的一念之间，化干戈为玉帛的妙意，也潜藏在宽容那一瞬间。

在现实生活中，每个人都难免会犯一些或这样或那样的错误，并且总是在失误之中，渴望他人的包容，而在许多时候，我们却不肯宽容他人对自己造成的伤害。其实，换一个角度，站在他人的立场分析问题，在宽容他人的同时，我们自己心里就会释然许多，平静许多，快乐许多。

宽容别人就意味着尊重他人、体谅他人，给自己的心留有余地；意味着用理解化解彼此的隔阂，让信任失而复得。宽容别人，就是化消极的猜疑为积极的沟通桥梁，在宽容别人的大度之中，收获豁达。

宽容有三种境界，可以养鱼为喻：最初级的境界是玻璃缸赏鱼，只让它在一定的范围存在和活动；中等境界是池塘养鱼，因地就利，因势利导，水肥鱼跃；最高境界则是江海生鱼，千形万类，任其自生，海阔天高，任其自游，由此也就成就了海的博大和海底世界的丰富多彩。有多大的胸怀，就有多高的境界；有多高的境界，就能干多大的事业。

人应该学会宽容。多一些宽容就少一些心灵的隔膜；多一分宽容，就多一分理解，多一分信任，多一分友爱。

小薇向来对自己要求苛刻，也同样苛刻地要求周围的朋友。

其实，她很聪明，对人也很热情，又极其热爱交朋友。可以这样说，她根本无法忍受没有朋友的那种孤独和寂寞。然而，她又不允许朋友身上存在任何缺点和毛病，甚至不允许存在与她不同的个性和为人处世的方法。一些朋友能同她保持一段时间的友谊，只好时时刻刻压抑着自己。可是，压抑自己是一件非常痛苦的事情，谁也不能坚持长久。

于是，她一边热情地结交着新朋友，一边在挑剔中淘汰和失去老朋友。久而久之，她连一位朋友也没有了。

宽容是一种非凡的气度、宽广的胸怀，是对人对事的包容和接纳。宽容是一种高贵的品质、崇高的境界，是精神的成熟、心灵的丰盈。宽容是一种仁爱的光芒、无上的福分，是对别人的释怀，也是对自己的善待。宽容是一种生存的智慧、生活的艺术，是看透了社会人生以后所获得的那份从容、自信和超然。

"开口便笑，笑古笑今，凡事付之一笑；大肚能容，容天容地，于人何所不容！"这是何等的气度与胸怀！宽容的可贵不只在于对同类的认同，更在于对异类的尊重。这也是大家风范的一个标志。

智者能容。越是睿智的人，越是胸怀宽广，大度能容。因为他明察世事、练达人情，看得深、想得开、放得下；也因为他非常狡黠地发现："处世让一步为高，退步即进步的根本；待人宽一分是福，利人实利己的根基。"

仁者能容。富有仁爱精神的人，也必是宽容的人。"老吾老，以及人之老；幼吾幼，以及人之幼"，不苛求于己，也不苛求于人。所以，与刻薄多忌的人相比，宽容的人必多人缘、多快乐，自然也就多长寿了。

能宽容，就能得人。夫妻间除了要有爱情有信任，还要有宽容，总是为小事斤斤计较，就不可能白头偕老；朋友间没有了宽容就没有了友谊，因为宽容是友谊的题中之意。领导宽容，就可以使近者悦远者来，天下归心。

能宽容，就能发展壮大。曹操之所以能从仅有几个子弟兵，到剿灭北方群雄，占据中原，拥有百万大军，与他"山不厌高，水不厌深"的

胸怀是分不开的。——连仇人都能客而后用，还有什么不能用的呢？

所以说，宽容是力量和自信的标志。

宽容就是潇洒。"处处绿杨堪系马，家家有路到长安。"宽厚待人，容纳异议，乃事业成功、家庭幸福美满之道。事事斤斤计较、患得患失，活得也累，难得人世走一遭，潇洒最重要。

宽容就是忘却。人人都有痛苦，都有伤疤，动辄去揭，便添新创，旧痕新伤难愈合。忘记昨日的是非，忘记爱人曾经有过的一段浪漫，忘记别人先前对自己的指责和谩骂，时间是良好的止痛剂。学会忘却，生活才有阳光，才有欢乐。

宽容就是忍耐。同事的批评、朋友的误解，过多的争辩和"反击"实不足取，唯有冷静、忍耐、谅解最重要。相信这句名言："宽容是在荆棘丛中长出来的谷粒。"能退一步，天地自然宽。

宽容就是洞察。世界由矛盾组成，任何人或事情不会尽善尽美。无论是"患难之交""亲朋好友"，还是"金玉良缘""模范丈夫"，都是相对而言。他们的矛盾、苦恼常被掩饰在成功的光环下，而掩盖的工具恰恰是宽容。不必羡慕人家，不要苛求自己，常用宽容的眼光看世界，事业、家庭和友谊才能稳固和长久。

在宽容他人的心境之中，收获稳固的友谊；在宽容他人的过失之中，相互之间赢得长久的合作。宽容，是一种巨大的人格力量，如同一股麻绳，有着强大的凝聚力、向心力和感染力，能使他人团结于自己的周围。宽容更是一种豁达，如同春风，可浇灭怨艾嫉妒和焦虑之火，可化冲突为祥和。宽容更是一种深厚的涵养，是一种善待生活，善待他人的境界，能陶冶人的情操，带给人心理的宁静和恬淡、慰藉和升华自己的心灵世界。

宽容他人，在接纳他人不完美的同时学会欣赏；将事事逞强，处处患得患失的忧心与失望，扭转为惬意与美好；将过去的恩恩怨怨，是是非非化解为冰释前嫌，化险为夷，让我们的生活多一分空间，多一分爱；面对朋友的误解、伤害和不友好，化解为一束阳光，一分温暖；将人际关系的隔膜、冷淡，大度地予以宽解和接纳，尽可能用微笑的、通情达理的目光去打量周围的人和事，在豁达的胸襟之中成就自己的幸福。

宽容是人际交往中的润滑剂，能减轻相互交往中的摩擦，将紧张的关系缓和为甜美的醇酒，让自己回味无穷；它温馨的关爱，能融化心中的仇恨，令自己感慨不已；它如同晨星般的明亮，让他人在迷途知返的同时，自己也会倍感欣慰；宽容还是一种仁爱的光芒，使自己在释怀之中感觉到轻松，也是对自己的宽待。当自己宽容了曾经敌对自己的人，握手言和，互谅互让，让人与人之间交往的甜润像春雨，冲刷积淀于彼此心中的轨迹，多一份善意，使自己呈现出非凡的气度和胸襟、坚强和力量，从而会使自己的人生也变得更加精彩。

宽容的心怀，能陶冶一个人的情操，带给人心理的宁静和恬淡、慰藉和升华自己的心灵世界。不计较他人过失，不打击报复他人，在与人为善的境界中，豁达大度；在恬静、超脱的境界中，不浪费时间和精力去挖空心思对付别人，可以专心致志于自己的事业，在平凡岗位上干出一番辉煌业绩。宽容他人，塑造自己的风度和雅量，使自己犹如水晶般剔透，美玉般明澈；把宽容插在心中，它便绽出新绿，盛开出春花。

宽容他人，是一座让我们远离痛苦、绝望、孤独、忧伤、愤怒和侮辱的栈桥，能使我们用平静、喜悦、祥和的内心，去营造生命中的美丽。

　　宽容别人，其实就是宽容我们自己。

　　多一点对别人的宽容，其实，我们生命中就多了一点空间。

　　有朋友的人生路上，才会有关爱和扶持，才不会有寂寞和孤独；有朋友的生活，才会少一点风雨，多一点温暖和阳光。其实，宽容永远都是一片晴天。

　　女人天生就是美丽的天使，如果再有宽容的心理，那就会成为天边一道美丽的彩虹。

法则 10 事业

在工作中散发光彩

赫本告诉你 >>>

　　我一直都很幸运。机遇很少凭空出现。所以，当它们出现时，你一定要抓住。

寄语

决定女人职场路上是阳光普照，还是凄风苦雨笼罩，只系于女人的一念之间，即女人是否拥有阳光心态。内外阳光的女人，会把职场中的挫折碾作泥土，铺平在前进的道路上；把职场中的得失，砌成一个闪光的舞台，让幸福在上面欢快地舞蹈；内外阳光，幸福闪亮职场。

选择一份自己内心喜欢的工作

女孩子们大学一毕业，往往会急切地想找到一份工作，因为她们需要独立，不想再依赖于父母而生活。当她们如愿以偿地找到一份自认为薪金比较高、待遇也不错的工作，打算大干一番时，却发现无论自己怎么努力，如何付出，工作仍是没有起色，以至于开始怀疑自己的能力！

其实，只要稍加分析就会发现，这一切与能力、学识并无关联。选择比努力更重要，人应该找一个适合自己的方向，如果方向选错了，所做的努力就是在为错误而做准备。

她学的是计算机专业，性格比较内向，不擅长组织、领导和人际交往。尽管她很喜欢自己的专业，但是听父母说公务员很风光又有保障，她自己想想也觉得有道理。于是，从大三开始就以从事行政领导职位的公务员为目标，在她不懈努力下，终于如愿以偿，顺利地通过了笔试，但在面试中，却由于不善言谈而被淘汰。

这样一来，一年多的努力付诸东流。她真的想不开，总是听人说"有志者事竟成"，只要付出了就有回报，为什么自己的付出却一无所获呢？

其实，她的失败，关键不在于她没有努力，而在于选择的职业不是她自己所喜欢的，只是出于父母的期待而已。女人要想成功，首先就得选择一份你喜欢的工作，因为喜欢，所以投入。一个人一旦将自己的全部身心投入到自己喜爱的工作中去时，她才是最快乐的，而且是满足的快乐，是成功的快乐。而要取得最大的成功，就要在工作中体会到自我实现的快乐，这是事业成功的基础。

乔布斯在美国斯坦福大学的毕业典礼演讲中，说了一段这样的话，"你的时间有限，所以不要将其浪费在别人的阴影之中。不要让他人的意见淹没了你自己内心的声音。"

就像心理学中"瓦拉赫效应"所阐述的道理一样。

其实，奥托·瓦拉赫是诺贝尔化学奖获得者，他与心理学根本不沾边，之所以以他的名字来命名这个心理学效应，是与他个人的成长有关。

当年，瓦拉赫在读中学时，父母为他选择了一条文学之路，不料一学期下来，老师为他写下了这样的评语："瓦拉赫很用功，但过分拘泥，难以造就文学之材。"此后，父母又让他改学油画，可瓦拉赫既不善于构图，又不会润色，成绩全班倒数第一。面对如此"笨拙"的学生，绝大部分老师认为他成才无望。不过，在成绩单上众多不及格的科目中，只有化学课的成绩独树一帜，每次都是满分。父母问起瓦拉赫原因时，他说："因为我觉得化学世界充满无限奥秘，我喜欢它。"

为此，父母尊重了他的选择，这下瓦拉赫智慧的火花一下子被点燃了，终于获得了成功。从此，在心理学中，人们把那些因为喜欢某个事物，而取得成就的现象称为"瓦拉赫效应"。

从中可以看出，当人们一旦找到了发挥自己智慧的最佳点，使智慧能得到充分发挥，便可取得惊人的成绩。

如今，男女平等已然成了社会的主流思想，女性也必须自食其力，到社会上工作，所以不论男女，都会面临一个"入行"的选择，不仅男人怕入错行，女人在择业时也更需小心谨慎。

工作占据了我们日常三分之一的时间，世界上最快乐的事，莫过于拥有一份自己喜欢的工作。因为喜欢，所以可以全力以赴，慢慢就会发现，自己做的每一件事都跟理想越来越接近，效率就会越来越高；如此也就越来越喜欢自己的工作，而相应的投入就更多，快乐也更多；当乐在工作中时，做事情的品质就更好，因此也能得到更多人的肯定与支持。这时，你就会变得自信、乐观，浑身散发出迷人的魅力。

🦋 专注让你找到工作乐趣

很多人无法在工作中集中精力：他们抱怨工作无聊，没有工作热情。其实，这是没有尽心尽力工作的原因。尽心尽力去工作，专注于一件事，可以让我们达到忘我的境界，从而提升工作的乐趣。

在工作中一心一意，专注认真，这是每一个职场人士必须具备的职业素养。当你可以专注地去做一件事的时候，你也就不会感到工作无聊了。只要我们可以认真地投入到现有的工作中，我们就能创造出巨大的价值，为企业获得更多的利润。

无论什么时候，我们都要将工作做好。

在工作中认真专注的人，往往能将工作做得更好。对于一个不能专注于自己工作的人来说，是非常难把工作做好的。无论哪个企业，都不喜欢做事心不在焉的员工，也不会有哪个老板愿意重用这样的员工。而工作专心致志的人，他们可以更好地把握工作中出现的机会，更容易得到老板的器重。

我们应该专注于当前的事情，因为，只有我们专注于工作，我们的大脑才会集中精力，才能更有效地完成工作。如果我们的注意力分散，在工作的时候还在想着其他不着边际的事情，那么，我们的工作效率就会有所降低，这个时候非常容易出现失误。即使事情非常多，我们也应该一件一件地进行，做完一件事，接着做下一件事，这样才不至于毫无头绪。全神贯注地做工作，会让我们的精神得到全面的集中，无论是什么事情，都可以做得很出色。

艾佳在一家出版社做图书校对工作。她从上班第一天起就告诉 自己：除非是非常紧急的事情，否则就必须集中精力，专注于自己的校对工作。她将所有的精力都放在了校对工作上，因此，她的工作总是做得非常出色，效率也非常高。她曾告诉同事说，只要一坐到办公桌前，她就不会再去想其他的事情了，哪怕是手中的书稿校对到仅仅只剩下最后的几页了，也不会想另一部书稿的事情。

慢慢地，她发现自己在工作的时候已经习惯了专心致志，也不会觉得校对是一个非常枯燥无味的工作。她甚至觉得校对工作非常有趣。

当我们专心致志于一件事情的时候，就好像世界上只有这一件事一样，这样做所带来的工作效率是无法估量的。

专注能够让工作浮躁的人静下心来，这是因为一个人的精力集中了，他就会全力去对待眼前的工作。这样一来，也就能够专注于工作，甚至在做事的时候也不会感到厌烦。

我们发现，那些在职场上已经非常成功的人，他们在做事的时候总是习惯于专注，甚至，把专注工作当成是自己的使命一样。很多企业都希望自己的员工能够专注地做事，专注成了衡量一个人职业品质的标准之一。专注的人会全身心地投入到工作中，体现出了务实和爱岗敬业的精神。

假如说你在上班的时候脑子里还在想着昨天电视剧的剧情，或者还在想着今天的同学聚会，那么，你根本无法安心去工作，也就没法专注工作。没有了"专注"，那也就没有了工作的热情，更不可能在工作中有所突破。长时间下去，我们只能在混乱和无助中度过自己的工作时光，最终失去职场竞争力。

我们只有在工作中慢慢养成专注的好习惯，我们的工作才能够有一定的效率，才能变得更加有趣。

在任何一个企业中，只有习惯于专注的员工，才可以在工作中做出好的业绩，也才可以取得企业的信任。专注能够让一个人更好地工作，从而达到自己预想的目标。

在接受一项任务时，我们不要只是满足尚可的工作成绩，而是要争取将工作做到更好。"没有最好，只有更好。"这是飞利浦公司的口号，也是飞利浦公司的工作理念。假如你可以把工作做到100%，那么，为什么只做到99%呢？专注于你的工作，你就不会只满足于现有的成绩，而是更加努力地去做好自己的工作。因此，无论是在具体的工作上还是个人事业发展上，专注认真，爱岗敬业，尽心尽力，都是一个员工必须具有的基本品质。

假如你不希望自己变成木桶中最短的那一块木板，那么你就需要不断发展，需要专注于自己的工作，不断地为自己充电，从而提高自身的有效竞争力，并且实现自己最大的价值。

女人们，请记住：认真，能帮你把事情做对；经验，能帮你把事情做成；而只有专注，才能把事情做好！

无论从事什么样的工作，只要你具备了专注的精神，就一定会有所成就。

🦋 以最好的状态去工作

你对工作的态度决定了你工作的状态。那些热爱工作，对自己的职业认真践行的人，即使他们做的是普通工作，也会做出轰轰烈烈的事迹；而那些把工作当成累赘，对工作没有责任感的人，即使在特别重要的位置上，他们的工作也不会有太大的业绩。

以最好的状态去工作不但是工作本身对我们每个人的要求，也是一种自我鞭策，是实现自身进步的根本途径。一个没有工作状态的人，不但自己的工作做不好，而且这种不好的状态还会影响到周围的人，让周围同事的工作状态低迷，工作激情下降，没有老板会喜欢这样的员工加入到他的团队中去。相反，如果一个人在工作中时时刻刻充满激情，保持极高的工作效率，以最好的状态去工作，那么整个部门，整个团队的工作效率也会跟着成倍增长。老板一定会喜欢这样的员工，一定会想方设法留住这样的员工。

以最好的工作状态去工作不但有益于公司，更有益于我们自身，良好的状态有助于我们更快地适应新的工作，更多地学习本部门甚至其他部门的工作经验和技能，对我们以后升职和开创自己的事业也有极大的帮助。

在工作中，我们需要用最好的状态去工作，因为只有这样，我们才能在岗位上创造出最多的价值。

什么是最好的状态？根据现代管理学的观点，最好的状态是指一个人在岗位上尽职尽责，不懈怠，不应付，他能够主动去工作，并且会在工作中不断提高自己的业务能力和水平。

那什么是阻碍我们发挥最佳状态的因素呢？

答案很简单，厌烦。假如一个人厌烦了自己的工作，那么就会在工作中丧失最佳状态，变得应付起来，得过且过。

这个道理很简单，如果某天，老板让你拿着公司的印章在一份一份的文件上盖章，你肯定会觉得非常新鲜，甚至会生出自己是"这家公司的老板"的错觉。但是，如果让你每天都重复这一工作，一天两天，一周两周你或许还能忍受，但是如果时间长度到了半年一年，甚至是几年之后，你还能忍受吗？

没错，工作内容的单调、枯燥、乏味，吞噬了很多人的工作热情，让他们感觉到自己就像一台重复工作的机器，已经不知道喜怒哀乐为何物。

有不少职场人士在某一个岗位上做久了，就会逐渐失去新鲜感，这是一个很正常的心理现象。即便是自己喜欢的事情，如果成年累月重复做，也会感到厌倦的。就像一个人爱吃排骨，若是连续吃十天半个月的，估计也会厌烦。在厌倦和烦躁的情况下，一个人很难拿出百分之百的精力去工作，自然也就不能达到自己的最佳状态。

但工作的单调和枯燥总是不可避免的。一项工作干久了，看上去轻车熟路，实际上会有一种重复"吃剩饭"的感觉。不过，"剩饭"也罢，"鲜菜"也罢，关键是要调整好自己的"口味"，不断地变换一些花样，只有这样，我们才能够让自己时刻以最好的状态去工作。

任何一份工作都有其重复单调的一面，这要看你以怎样的心态去对待。其实我们有很多办法让自己保持最好的状态。

在我们的事业发展过程中，以最好的状态去工作，有了这种敬业精神，我们就会义无反顾地、深深地喜欢上我们所从事的职业，即使这份职业在起初的时候并不是那么光鲜，并不是那样被人看好，但是在敬业精神的驱使下，我们就会更进一步地专心致志地从事我们所做的事，从而达到我们想要的工作状态。

在竞争日趋激烈的现代职场，敬业更是一个人成就大事不可缺少的重要条件。它是强者之所以成为强者的一个重要原因，也是一个弱者变为一个强者应该具备的职业品行。你如果在工作中用敬业的精神去对待自己的工作，并把敬业变成一种行为习惯，那么无论你从事什么样的行业，你都能在这个领域里脱颖而出，成为行业翘楚。

无论哪个行业，都有很多加薪升职的机遇。在工作中，主要是要看你是不是以爱岗敬业的态度来看待你的职业，你的热情或冷漠决定了你在工作中的成功或者失败。并不是每一个员工都具有很强的业务能力，可是爱岗敬业态度却是每一个员工都必须具备的。爱岗敬业是每一位优秀工作者都应该具有的素质。

爱岗敬业，细心负责，以最好的状态做好自己的工作，是每一个职场中人必须具备的素质，而这一素质的高低也将直接影响着你的职业路途的长短，因为它对你今后的事业起着核心作用。

🦋 事业是女人最美的姿色

事业不仅是女人谋生的一种手段，更是女人享受生活、重获自信的一种载体。有事业的女人，摆脱了花瓶的标签，将自己大部分的时光，都用来学习、工作和生活。女人在经营事业中的成长，最容易折射出她们对生活海纳百川的态度和思想境界，而这正是女人在事业中修炼、打磨出来的一种无可比拟的内在之美。

事业能使女人由内而外散发出来的从容、处事不惊的美丽，是任何化妆品、任何方式的整容，都无法替代的。

事业给女人的姿色，镀了一层自立自强的光辉，让女人走出了为柴米油盐终日纠结的狭小家庭空间，更广阔的天地为女人打开，不断丰盈着女人的胸襟，开阔着女人的视野，提升着女人的魅力，澄明着女人的心灵。

事业能令女人最大可能地挖掘出潜藏在自己体内的优势，并将其发挥得淋漓尽致，突显自己的价值；事业，令女人找到自己的尊严。

一个女人要有危机意识，不要以为好好地待在家里，就是平安，就是福气，就什么事情都不会发生。尤其是对于一位家庭主妇而言，不走出家庭，不融入社会，不接纳新的事物，这样一成不变的女人，注定会引起男人的改变。

事业是女人最美的姿色，与其去寻找一棵大树乘凉，不如自己动手栽一棵小树，让它在你的双手培植下，日渐茂盛。自己栽树不仅自己乘凉，还可以让别人栖息，这样的女人，无论在什么情况下都会自信地仰起头，看见满天的阳光。

懂得经营事业的女人，不会期望他人靠不住、不稳定的施舍；她不会把生活的憧憬，牢牢系在别人身上，眼瞅别人的生活、别人的幸福而妒忌，而说三道四。她知道越是处在逆境，脊梁骨就越要挺直，明亮的笑容才是撑起自己的唯一。只有在事业中让自己真正精彩起来，才是女人真正的强大和美丽。

30岁之前的女人，长得漂亮是优势；40岁以后的女人，活出漂亮才是真本事、硬本事。用事业增添姿色的女人，不会责怪生活中的无奈、人性的自私。她已洞悉人生的过程，就是一个不断洗牌、重组、取舍的过程，自己去寻找温暖，在事业中把自己装扮成一道亮丽的风景。

事业是女人最美的姿色，她们最打动人的，是美丽的信念。

她们在工作中迸发出来的激情，她们面对挫折、打击时的坦然与执着，她们与事业融为一体的宠辱不惊，将未来准确把握的优雅，笑对冷语流言……这种发自内心的灿烂，这种宽广的襟怀，胜过一切美容术。

事业是女人最美的姿色。拥有事业的女人，拥有所向无敌的自信、光辉与幸福。

🦋 关注你的事业

有人说，女人的一生就好像一个圆。爱情是圆点，事业是半径。没有事业的女人只有一个点，只有事业才可以把自己的人生画成圆，画上丰富美丽的内容。

在当今社会，女人没有自己的本事，没有自己的事业，无法自食其力，靠男人养自己真的靠得住吗？找个"大款"就一定能幸福吗？

其实，大多数男人的心中，都希望自己的女人能成为与自己同进退、心有灵犀的知己。由此，身为女性你将不难发现，在这个崇尚个人奋斗的今天，还是自己先干得好，生活才保险些，靠自己最可靠。在事业和婚姻之间求得一种平衡，两个人各有事业，经济独立，并肩作战，才能共同感受到幸福的滋味、爱情的甜蜜。

什么样的女人最美丽？独立的女人最美丽。时代的潮流已经转变，现在的男性需要的早已不是一个只会撒娇、等待回报的女人，他们真正需要的是一位助手、一个伙伴，而不是只会让别人照顾的小女孩。大多数男人不会找一位小女儿型的女人做伴侣。女人必须了解，男人也有脆弱的一面，他们也同样需要旁人扶持，同样也具有强烈的依赖性。在男人眼中，处处显得无助的女性连自己都照顾不好，又何谈照顾他人呢？

在不断重视女性价值的今天，一些女性开始在婚姻之外寻找更加独立的人格和尊严。婚姻，不再是现代女性生命中唯一重要的选择和归宿，它被赋予了一种更深层次的意义。既要有事业，又要婚姻经营得幸福。事业可以让女人在精神上找到寄托，同时使女人在经济上得到独立。

事业让优雅的女人一直处于社会交往之中，心态会永远年轻。聪明的女人应该拥有自己的工作，不能抱着"干得好不如嫁得好"的依赖思想；就算家庭生活不需要你的收入，哪怕收入再少，也不要不去工作，因为你要的不是那些收入，而是工作带给你的自信。

当女人真正面对丈夫的背叛的时候，有工作的女人就更有尊严。虽然物质生活水平也许会降低，但是作为人的尊严是不能打折的。

对女性而言，爱情与事业永远是她们人生中的两大主题。可是，如果爱情与事业必须做出一个选择的时候，到底应该选择爱情还是选择事业？

年轻的时候，或许你会不假思索地回答：选择爱情。但是，经历了沧海桑田你一定会说：女人也应该像男人一样，不能没有事业，尤其在当今社会，事业绝对是女人的必需品。女人只有取得社会的认同，发挥自己存在的价值，才能从心底自信起来，才能赢得男人的爱，才能得到家人的重视。

越来越多的现代女性早已经不再把结婚、家庭当成自我实现的顶点，而是强烈地把知识和事业看成是与爱情、家庭同等重要的人生支柱。爱情固然是生活的重要组成部分，但它绝对不是生活的全部。一个追求事业成功的人，可以把握住事业陪伴自己一生，但一个追求爱情的人却永远也无法把握住爱情能陪伴自己一辈子。爱情是最不稳定的分子，是最难保鲜的东西。只有做自己喜欢的工作，干出自己满意的成绩，才会永远证明你的价值。

家庭与事业平衡的美丽

对于女人来说，事业和家庭很难说哪个更重要。实际上，如果一个人在这两个方面只能得到一个的话，那么她的生活可能不是很幸福。

对于一个女人来说，事业、家庭两不误，两者相得益彰，才是真正的成功。

家庭与事业，就像一座天秤，两端的砝码稍有不均，就会有一端偏沉、一端翘起，失去平衡。家庭与事业，到底孰轻孰重？这个问题，对许多职场女性的困扰，由来已久。更令身处职场女人苦恼的是，职业上的升迁需要她们拥有大女人干练、豁达、果断的魄力，而回到家庭男人却希望她们拥有小女人的温柔、乖巧和内敛，她们究竟该如何找到家庭与事业的平衡点？

家庭与事业对于女人而言，是存在一定的矛盾的，但是只要善于找到家庭与事业两者的平衡点，鱼和熊掌是可以兼得的。

家庭，是女人的起点，也是最终的归属；而事业的辉煌，为女人增色添彩的同时，更是家庭幸福、人生成功的保障。一个女人要平衡家庭和事业，最关键的首要任务是先培养健康的心态，以平和的心态接纳事业上的风雨、挫折以及辉煌；回到家，将事业上的不快拴在门外，连同在职场上的风光，也都抛弃在门外。经过岁月的打磨，女人慢慢明白，对事业、对家庭，都不苛求完美，但求尽责尽力，适度降低对自己、对别人的要求，反而会过得更愉快轻松。

在当今职场，越来越多风采不逊须眉的女人，用她们纤弱的身姿驾驭商海，用她们柔弱的肩膀勇挑重担，与时代发展同步。她们既有家庭小女人的温柔与慈爱，也有职场上雷厉风行的风风火火。她们用自己的温柔与刚毅、智慧与勤奋、美丽与付出，谱写着一曲曲家庭、事业兼顾的完美之歌。

事业与家庭的矛盾，并非不可调和，只要女人愿意用心去寻找事业和家庭的平衡点，相信很多因事业与家庭发生冲突而苦恼的职场丽人，经过一些努力、付出及有效的调整，都可以做到工作生活两不误，在职场与家庭之间游刃有余，成为事业家庭双丰收的成功女人、幸福女人。

当今都市职业女人，既扮演着男人承担社会责任的角色，也扮演着相夫教子、操持家务的家庭主妇角色，当这两种角色发生冲突时，也在所难免。

普遍学者认为，女人在事业中经济独立，既可提高自信，又可以增长女人的见识，提高女人的素质和胸襟，这对于女人悉心教育下一代，也非常有利。如果一个女人，还传统地围着锅台转、围着老公转、围着孩子转，一成不变地执行着"三转"，这样闭塞、孤陋寡闻的日子，又怎能教育出优秀的孩子呢？

当代社会，就是要求女人不仅要拥有自己的工作，同时也要照顾好家庭。归根结底，女人就是要担当起社会、家庭的角色，把握住属于自己的幸福。毕竟，只有事业而失去家庭的女人是不完整的；而不会经营事业只有家庭的女人，在没有独立经济的地位中，将会让自己与丈夫、与社会的距离越拉越大。智慧的女人懂得，作为一个女人不要贪图安逸，平时在工作中、家庭中，都应多付出一点、奉献一点。因为事业和家庭绝对不是对立的。当事业与家庭偶尔发生一点冲突时，女人要学会及时转换事业、家庭角色，避免完全沉溺在事业角色而无法扮演家庭角色，或是一味沉浸于贤妻良母的角色而无法驰骋职场。

职业女性只要拥有健康的心态，善于将工作和家庭的角色区分开来，并及时转换角色，在家庭中以柔克刚，与家人及时沟通，谋求家人对自己工作的支持和理解，家庭与事业间的冲突并不难协调。女人的柔软、温暖、平和和细腻等优势，是一个女人事业成功、家庭幸福之源。

在事业上情绪稳定的管理者，回归到一个家庭里，就是一个有着稳定情绪的女主人，那么这个家庭肯定不会差到哪里去，孩子会觉得很安全，先生会觉得很温馨。

有不少女人都以为一个女人是否过得幸福，在于自己的先生对自己好不好，这明摆着不是弄错了方向吗？女人等待幸福，等待来自另一半给予的幸福，那其实是很被动的，因为他如果不给予，女人就不幸福，就觉得郁闷。每个女人要清楚是否幸福，全在于自己本身的经营和把握，就会明白自己应该怎样做就幸福，就是做了万一不幸福，也不会去埋怨别人、怨恨别人，而是在营造中学会了承担。

将事业与家庭之间，划清界限，并且言出必行。对家人做出承诺后，就要想方设法一定要尽力做到。一旦投身在工作中，也希望能得到家人的谅解。但对事业、家庭制定的期望都要落实，以免让家人失望，影响心情。

也不要一投入工作，就忽视了家人。在忙碌的工作中，拿出哪怕10分钟的时间，给家人打个电话，问候一下，这种体贴，有时候比10个小时对家人的陪伴还让家人受用。

忙中偷闲，就是利用时间的碎片，及时转换家庭与事业的角色。在周末如果还有没处理完的工作，或非处理不可的工作，在家人没起床的清晨，少睡一两个小时的懒觉，利用这段空闲时间，去完成自己需要完成的工作。快速处理完事务后，索性做好早餐，然后照常实现早就规划好的度假，所以，周末是职场女人补偿家人的最好机会。

无论是工作、家庭，还是生活，女人一样都不能少，在合适的时间做合适的事情，都是为了生活，为了家庭，只要与家人沟通好，事业与家庭并不矛盾的。

一个女人是否幸福，不取决于男人是否对自己好、是否乐于给予，而在于女人自己学会在家庭与事业中及时转变角色。

事业与家庭，没有谁先谁后、谁轻谁重之分，家庭与事业本身就是相辅相成的并列关系，需要女人同时经营。只要经营得当，懂得及时转换家庭与事业的角色，女人就能自由地穿梭在事业与家庭之间，在角色转换之间感受到人生的无限幸福。

事业腾飞，固然需要女人身上拥有独特的能力和人格魅力。但取得家人的支持，合并家人的智慧，取得家人的理解，使女人在奋斗的路上，拥有更多的毅力去坚持，将个人压力与家人一同分析，找到打开工作阻力的钥匙，才能使自己获得丰硕的果实。

女人若要取得事业的腾飞，就必须要取得家人的支持，将个人所承受的痛苦和挫折，与家人一同承担，压力就会减半，个人才能迎击风浪、笑傲风云。可见，个人取得事业的腾飞，固然与自己的个人能力息息相关，但是，一个人再聪明，但毕竟分身乏术、能力有限，如果能取得家人的支持，才能如虎添翼、事半功倍。

如果没有一个和睦的家庭，女人也很难在事业上做出令人刮目相看的成绩。

每个女人的成功，固然与自己的努力、自己的拼搏有关。但取得家人全力的支持，更有助于自己的事业腾飞。女人要学会与家人及时分享事业成功的果实，将事业成功的纽带与家人的心紧紧联系起来，努力改

善家人的生活品质，这样家人自然会支持，女人的事业自然会腾飞，幸福自然会陪伴。

法则 11 提升

在进取中追求完美

赫本告诉你 >>>

当还不会演戏时我被叫去演戏，当还不会唱歌时我被要求唱"Funny Face"，当还不会跳舞时我被要求与弗雷德·阿斯坦跳舞——所有的这些的事我都从来没有准备过。所以，我非常努力地去适应学习这些事物。

> 做女人难，做一个成功的女人更难。她们不仅要在塑造个人魅力，处理人际关系方面付出努力，而且又要兼顾家庭和事业的平衡，合理安排时间，不断为自己充电，在背负沉重的压力下不断进取，显示出当代职业女性的风范。

"内养"让女人保鲜一生

"内养"是女人生命魅力的清新剂。"内养"不是指运动、膳食、保健、抗压、排毒等外在的养生方法，而是指通过用学识、阅历、气质、品行等内在方法来保养容颜，用积极的态度来调整自己。女人要懂得"内养"的重要性，通过"内养"，让生命变得从容、淡定、优雅而充满活力。

女人的容貌是不断发生变化的，会随时间的流逝而红颜不再，但是这并不代表着女人们就束手无策，我们可以通过保鲜，通过自身所散发出的独特气质，让别人觉得自己仍然年轻而充满魅力。

那么，如何让自身散发出高贵的气质呢？这就是"内养"。"内养"才是女人保鲜的不朽根源！

我们知道，要保持生命有机体的正常运行，就需要不断地吸取各种"营养"；大病初愈时需要"调养"；渴望容颜永驻时需要"保养"；为人处世需要有"涵养"。总而言之，不管是身体的营养、调养，还是

心灵的修养、涵养，我们的生活中离不开一个"养"字。但是，营养、调养都属于"外养"，只有修养、涵养才是"内养"。

"内养"是女人保持气质的基础，女人的"内养"包括学识、阅历、气质、品行等多种内涵，是精神和心灵层面的修养。而这些"养分"恰恰是女人生命的源泉，这些内在的修养透过血脉和筋骨浸润着女人的容貌，即使历经风雨也展现出女人从容大度的雍容典雅之美。

女人的容貌，30岁以前靠父母，30岁以后靠自己。30岁以前，女人的长相多由遗传因素和生存条件所致；30岁以后，容貌通常是教养、个性、阅历、人生观等方面的综合体。女人的一生汲取了各方面的"营养"，于是在经过了长期的积淀之后，终于在体内生根发芽开花结果。女人们应该明白——女人的容貌虽然是"养"出来的，但是"内养"更为重要，女人的"内养"就像滴水穿石，学识、阅历、气质、品行是时间积累结出的硕果，是自身精神的沉淀和升华，是女性魅力的厚积薄发。

只有根深才能叶茂，"内养"才是女人美丽的不朽根。那么，女人应该如何"内养"呢？

首先需要读书，这是最基本的要求。读书的女人是美丽的，所谓"腹有诗书气自华"。读书提高的不仅仅是女人的学识，更提升了女人的内涵，而内涵是装不出来的。因为腹有诗书，女人不再畏惧年龄，不会因为鬓边的几丝白发而苦恼，不会因为生活中的小小波折而失态。一个女人的学识和气质除了读书还可以用其他的方法来培养，比如跳舞，可以塑造女人的体型，使得女人更加优雅大方。

此外，"内养"还需要有一颗善良的心。因为在学识、气质之外，品行更是女性魅力必不可少的体现。当一个女人能够对身边的人表示关心，用热诚的心去帮助别人，那么即使她不漂亮，也是一个美丽的天使。

女性最为重要的一种品质就是豁达。一般说来，女性是敏感而善感的，常常小心眼或者小家子气，为一点点小事就大动肝火，斤斤计较。其实这样的行为是对女性魅力的最大破坏。因此，做一个心胸开朗的豁然女人，更能展示品行中的从容和安然。

所有的女人都渴望青春永驻、容颜不改，但是，一个胸无点墨、品行不端的女人，即使再华丽的衣服装饰，也不能掩盖她的肤浅空虚。一个女人除了服饰得体之外，更要不断修炼自己的内养，才能自内而外的焕发女性的魅力，才能从容淡定优雅从容的生活！

一个女人应该是具有双重性的，既有柔情似水的一面，也有泼辣干练的风格，那些能在不同时间表现自己不同特点的女人才是一个真正的女人。因此，女人，应该温柔和泼辣兼而有之。

人们普遍认为女人应该柔情似水，温柔对于女人而言，是一种诱人之美，甚至是一种高尚的力量。相反，人们把泼辣看作是有损女性形象的缺点。然而，这只是一种世俗的偏见。纵观古今中外的历史，泼辣女性也取得了事业上的成功，她们所取得的成就，不仅为泼辣女性编织了一个炫目的花环，也为美增添了新的内涵和魅力。

无论是温柔还是泼辣，只具备一种称不上是一个完美的女人，一个完整的女人，应该兼具温柔和泼辣的风格，在合适的地方表现自己的温柔，在适用的地方表现自己的泼辣。

人类自身具有和谐的美学原则，它将阳刚之美赋予男性，将阴柔之美赋予女性，两性之间的差异使得男女对立统一地组成了人类绝妙而完美的世界。从这个角度来说，阴柔之美是女性美的最基本特征，而阴

柔的核心就是温柔，女性的温柔就像和风细雨，有娇莺啼柳的婉转，更像荡漾的水，百转千回。"似水柔情"一个词将女性之美表达得淋漓尽致，可以说，一个"水"字，道出了女性柔美的奥妙。

女人的武器就是她的似水柔情。这种柔情，在男人看来是一种迷人的美，也是一种甘心被女人征服的理由。在温柔面前，百炼钢也能化为绕指柔。所以，作为一个聪明女人，应该培养自己温柔的性格，而温柔的品质来自女人自身的修养。这就要求女人在日常生活中，注意加强性格涵养上的修炼，以培养女性特有的柔情，易怒、暴躁都是温柔的敌人，因此，女人要特别善于克制自己的这些情绪，争取做到柔中有刚、柔韧有度，此外还要讲究语言美，克服那些影响柔情发挥的不良性情，让温柔的鲜花为女人的魅力而怒放。

接下来我们谈谈泼辣，对待这个问题，首先要有一个前提，那就是要端正对泼辣女人的认识。泼辣其实是女人另外一种美，那些具有泼辣性格的女人，往往也具有天真纯朴的洒脱气质和粗犷炽烈的浪漫情怀，泼辣的女人因为自身敢拼敢闯的个性和百折不挠的顽强毅力，而拥有一种特别的魅力。

性情泼辣的女人到底具有哪些优点呢？一般说来，泼辣女人大都天资聪颖、思想敏锐，而且反应敏捷，富于进取和拼搏精神，泼辣的女人很自信，因此，她们在学习和工作上都能成为佼佼者，因而赢得了人们的赞美和钦佩。

此外，泼辣女人都很实干，能够做到利落洒脱，在处理问题时拿得起也放得下；更重要的是泼辣女人能吃苦耐劳，会为自己心中的坚定信念而奋斗，泼辣女人是不甘落于人后的女人。

再者，泼辣女人在处理家庭事务上也是雷厉风行，干练而高效。她们要求家居整洁、明快，而且泼辣女人也是居家过日子的高手，她们持家有术，懂得精打细算，在家庭建设、计划开支、生活安排诸方面，能把家庭生活安排得井井有条，同时在人际关系的处理上，泼辣女人开朗大方，善于交际，在接人待物方面落落大方。最后一点，泼辣女人有很强的自主自立意识，她们办事果断，很少有依赖他人的思想，有巾帼不让须眉的气魄。

因此，女人，应该能够"出得厅堂，入得厨房"，具有温柔和泼辣两种性格，而且善于将两者有机结合，取长补短，把自己打造成完美女人。泼辣女人不是老虎，更不是蛮不讲理、刁钻乖戾的人，让人望而生畏亲近不得，温柔的女人也不是一味的小鸟依人缺乏主见。温柔是女人对丈夫的体贴照顾、对父母的关爱孝顺、对孩子的慈祥细心；泼辣是女人在事业上的干练独立、在人际交往上的不卑不亢、在困难面前的坚忍不拔。

泼辣与温柔并不是女人不能同时具备的水火不容品质，而是硬币的两个面，共同构成了女人丰富的内涵。温柔的女人也有泼辣之处，而泼辣的女人也有似水柔情。关键是如何在适当的场合表现它们，女人要懂得如何在二者之间从容出入。

🦋 别让"螃蟹"拉住你的手脚

勇敢的女人豪爽大度，她们做事不会畏首畏尾。男人喜欢娇小玲珑的小女人，对敢作敢为的女人却充满由衷的敬佩。

有时女人事业上没有成功不是能力的问题，而是勇气不够，顾虑太多。

有个人去买螃蟹，看见放在桶中的螃蟹，有几只正在往上爬，已经快到桶沿。那人忍不住提醒卖螃蟹的人说："你的螃蟹快要爬出桶跑掉了！"卖螃蟹的人泰然自若地回道："放心吧，跑不掉的！因为桶里其他的螃蟹，会把那些往上爬的都拉下来！"

小珊在银行上班，做了两年的柜台工作，虽然稳定，但是她还是很难对工作投入全部的热情，平时工作只求不出错，每个月混到月底领薪水，每年混到年底领奖金。日子是可以过下去，但是心里总有出去做点事的念头。小珊和丈夫商量后，想辞职开咖啡馆，趁着两人都还年轻又无家累，何不闯一闯。

有了丈夫的支持，小珊找来几个要好的朋友，希望集思广益。谁知那些娘子军师，没一个赞同，兜头泼了几盆冷水：

"大小姐，你以为开咖啡馆是过家家啊！有那么容易吗？你知道有多少人都想开个咖啡馆耶，还不都是做做梦而已。"

"小妹妹，你知道现在工作多难找吗？有一大把的人想要你那个位置，你还不知足？"

"小珊，我了解你的心情，我也有过这种念头和渴望，不过幸好我没轻举妄动，忍一下，也就过去了。"

听了她们的劝告，小珊就这样放弃了，小珊心有不甘但如果真的开始做自己想做的事，这些劝告又像魔咒一样，让她不敢迈步。小珊就像泄了气的皮球，慢慢丢掉了信心和尝试的勇气。

女性当中，有许许多多的小珊。她们有的想进修，有的想换工作，或者想结束一段看起来很美的感情等。但是，这些念头刚一出现，就会被四面八方赶过来的"螃蟹"拉住手脚，冻住内心的热望。

我们每个人，尤其是女性，在人生的每一段路上都有可能遇到"螃蟹"。结婚前，想在事业上有所成就，"螃蟹"一族会过来说，女孩子应该内敛；结婚以后，想在学业上进修深造，"螃蟹"一族就会跑来奉劝：还是以家庭为重吧！

在这些"螃蟹"里面，好"螃蟹"的出发点是爱，基于对你的保护，怕你吃苦受伤，对你前面的路途有太多的担忧，无形中消磨了你的信心。坏"螃蟹"则是基于自私，故意淡化或者丑化你前面的美景，打消你的热情。

"螃蟹"们的或爱或自私，都能够拖住你前行的后腿。但别忘了，你自己也可能是"螃蟹"族的一员，有时候，最大的那只挡路蟹正是患得患失的自己！一般人都渴望外面世界彩虹般的绚烂，却又都贪恋温室的惬意，害怕风雨，犹豫不肯前行，最终一事无成。如果你不愿成为一只坐以待毙的螃蟹，认准了外面世界的精彩，首先要做的是：远离同一只桶里的"螃蟹"，摆脱他们，别让他们拉住你的手脚。

人生是短暂的，也许在你的犹豫中，最宝贵的时间就一去不复返了。所以，当看准了方向，下定了决心时一定要出发。

✍ 不断提升自身技能，不断超越自己

在社会激烈的竞争中，女人相比于男人更多地要照顾孩子、老人，要操持家务，工作上却要和男人一样去拼搏。女人只有不断提高个人技能，才能在事业上有更大的发展。你可以去上电脑课、商业书信或科技写作课。你也可以培养自己做简报的技巧，或者学习排版或试算表软件。你应该利用这段时间，使自己的条件变得更好，充实一下你的实力。

如果你的经济条件许可，你还可以做你喜欢做的事。这是拓展你在该领域的人际关系与增加自己能力的绝佳方式，也能使你的履历表更吸引人。许多组织对于有你这样有经验与才能的人都愿意帮忙。记住，这是你找到一份全职、固定工作的过程之一。此外，一些专业的慈善组织、志愿者协会都需要更多的人，协助他们办活动或志愿服务。

也许有的女人认为失业这种事永远不会发生在自己身上。"我有终身职务""我有年资""我的职位是百人之上""我备受尊敬与爱戴"，可是别忘了，连总裁都可能被炒鱿鱼。人际关系广博的企业白领，因为新的管理团队入主公司，原本的光芒黯然失色。这种事情是说不定的，不管你是谁或你认识谁！有人做过调查，发现许多人都是在毫无预警的状态下失业，其中还有很多经理人，根本不知道公司要缩编。有时候你看得到前兆，有时候你却又看不到，或者是你自己故意视而不见。无论是何种情况，所要面对的残酷现实都一样：失去身份、自信，没有方向，随波逐流。通常，这种事情只要发生在你身上一次，你就会发誓下次绝不让这种事情在毫无防备的情况下发生。惨痛的教训往往是最难忘的。

失业者中有许多都缺乏有效的人际关系网；许多人在技能培养方面，需要好好加强；许多人都有很大的失落感，但他们愿意接受训练。

当你失去工作重新找工作时，一定面临很大的压力。当然，开始的最好时机，应该是裁员的风声一出来时就行动。如果你感觉到公司要裁员，如公司的财务状况不好，或者有被并购的风声，相信你的直觉，大祸可能就要临头了！尽一切可能，为下一份工作做好准备。找一份新工作要花的时间，可能比你想象的要长得多，尤其当你是高薪阶层的人。还要记住，新的职场趋势使得工作稳定性降低，而需要有更多弹性。这次可能只是牛刀小试，所以如果你能发展一套有效策略，以后绝对用得上。

如果你的饭碗眼看就要丢了，马上开始分析你的情况！别骗自己船到桥头自然直，以为裁员裁不到你，或者想以后再说。大部分的商业与管理专家都承认，虽然有些公司还是会以员工福祉为重，但商场毕竟不是慈善事业，一切还是会先以利益为考量，即使要大幅裁员也在所不惜。身为员工，一定要懂得如何为自己安排出路。首先，老老实实地评估自己的技能，如果没有学位，是不是就与心目中的理想工作绝缘？要换到另一家公司，担任与现在相当的职位，是不是得先进修或接受训练？在今天的工作环境下，你的学位是否已派不上用场？

但如果你没有其他的一技之长，是不能靠学位吃饭的。你懂不懂电脑，或是其他技术？你的面试技巧需要加强吗？履历表是否该找人指点一下？是否有广博的人际关系？培养这些技能，其实没有想象中那么难。而且，你有别的选择吗？付出努力，好好培养扎实的生涯管理技能，将会使你一生受益。

　　时代在发展，女人对自身的要求愈来愈完美，她们不断进取，不断超越自我。她们展现了女人妩媚、柔韧、坚强的风采，她们是女人中的极品，是男人眼中的亮丽风景。

　　女人成功的动力源于拥有一个值得努力的目标和抛开自我，放眼寻求生命的真谛。胸怀大志的人所显露的一个显著特征就是他们勇于超越自我，全力以赴圆自己心中的梦。

　　成功不是扬扬得意地炫耀自己所取得的成就，也不是为一点小小的成绩而自满。如果你有一双强有力的手，不仅带动你自己，而且也能帮助那些寻找目标、坚持不懈的人，你才能算是获得了更大的成功。

　　追求超越自我的女人，每一分每一秒都活得很踏实，她们尽其所能享受、关怀、做事并付出。除了工作和赚钱以外，她们的人生还有其他意义。若非如此，即使身居高位，生活富裕，你也可能仍感到空虚。

　　要享受成功，必须先明白自己工作的目的，辛勤工作，夜以继日，更要有一个切实的目标。财富以外，更重要的是幸福。

　　人生战场上真正的赢家大多目标远大、目标明确，她们追寻生命的真谛和超越自我。她们能够把生活的各个层面融为一体。为了享受生活的乐趣，她们不仅剖析自我，而且爱从大处着眼，展望生命的全貌。

　　不论是今人或古人，都对我们今日的生活有莫大的贡献，因此我们必须竭尽所能，以求回报。我们必须要超越自我，全力以赴，为更加美好的生活而努力，以求突破现状，开创新局面。

　　同样，职业女性也需要梦想。

　　在现实社会中，很多事物等着职业女性去挑战，贫困、疾病、危机、缺乏爱意等各种社会现象令人不寒而栗，拥有梦想才能拯救自己。

　　太现实的女人往往会失去梦想。善于梦想的女人，无论怎样贫苦、怎样不幸，她总有自信，甚至自负。她藐视命运，她相信较好的日子终会到来。一个女人的梦想的实现，往往可以感应起一串新的梦想的努力。

🐭 腹有诗书气自华

"腹有诗书气自华"这句诗来源于《红楼梦》，在女子无才便是德的封建社会，《红楼梦》中的才女们却让人过目不忘、魂牵梦绕。喜好读书的女人有种天然的素净，她们身上散发着书香的气息，在如今知识经济的社会里，又有谁不喜欢有文化底蕴的女人？

对于书，不同的女人会有不同的品位，不同的品位会有不同的选择，不同的选择得到不同的效果，因而演绎出一道女人与书的风景线。有的女人读书是为了获知识，增长才干，她们比较注重思想性强、有哲理、有深度的书，书提高了她们的人生境界，使她们生活得很充实。这样的女人本身就是一本书，一本耐人寻味的好书。有的女人，读书是为了愉悦身心，陶冶情操，她们喜欢读唐诗宋词，读古今中外优美的散文，在悠悠哉哉的闲适中修身养性，铸就了淡泊平静的一生。这样的女人像一首诗，清新素净得可爱。

有人说，漂亮女人不读书。这话听起来有些失之偏颇。实际上，确实有些漂亮女人不读书。因为漂亮，受外界的诱惑太多；因为漂亮，但不甘心自我埋没。漂亮给女人带来许多的"财富"，这些"财富"使漂亮女人总有忙不完的应酬和显露机会，她们根本顾不上读书。这是内因和外因影响的结果。毋庸置疑，喜欢读书的漂亮女人还是有的。她们平时也许不刻意梳妆打扮，也不耽于交际应酬，却把大多数时间耗用在读书上，读书对于她们，是一种生命要素，是一种生存方式。与"金玉其外，败絮其内"的某些漂亮女人相比，她们是懂得保持生命内在美丽的智者。

读书的女人，心有明灯，守得住心灵这个宁静的港湾，始终视书籍为精神的伴侣。

读书的女人，心有梦想，即使平凡如叶，仍能创造叶的美丽和生活的乐园。把自己引向有花鸟树木、蓝天白云、繁星明月的地方，那永不失去的梦想更是她们生活中的一首诗、一幅画、一段遐想、一片心境、一点安慰、一些希望。

读书的女人，生活情趣高尚，很少去叹息忧郁或无望地孤独惆怅。因为她们懂得与其停在忧郁的事里不如把这忧郁的时间和精力用来读书，使自己从"忧郁"的境遇中解脱出来，不怨环境，也无须艳羡别人。在哲思中让心情一天比一天愉快年轻。

读书的女人，她们以聪慧的心，宽广质朴的爱，善解人意的修养，将美丽写在心灵。读书，使她们更潇洒；读书，为她们增添风韵。即使不施脂粉也显得神采奕奕、风度翩翩。

把读书作为业余生活中最主要的项目吧。善于在宁静中体验生命，用知识和智慧塑造心灵，培养气质，发展技能，读书对于女性既是社会发展的要求，更是基于理性思考的自觉选择。

❀ 策划成功的人生

人要懂得策划自己的人生，男人的策划注重事业，女人的策划更注重家庭。成功的人生始于策划，就好像好看的花束缘于剪裁和搭配一样。如果任由天然去雕饰，就算是清水出芙蓉，其结果也常常如空谷幽兰，虽然有着不以无人而不芳的高洁，但最终也只能寂寞地凋零。唯有经过策划的人生才可以枝繁叶茂春色无边。

女人的成功有两个方面：事业的、家庭的。事业的成功让女人芬芳绚丽，家庭的成功让女人安逸、甜蜜。事业成功的女人让男人仰慕，甚至自叹弗如；家庭成功的女人是男人掌心中的宝贝。为了让自己成功，女人需要策划人生目标。

有了人生总目标，在人生各阶段把总目标分解为各阶段性目标，然后埋头苦干，不达目标绝不罢休。这样的人生虽然疲惫，但成功者不在少数。

确定自己的目标时需要注意以下三点。

（1）你确定的目标是合理的，与你的身体条件、能力、时间是相吻合的。你必须感受到胜利和愉快，才能进步。

（2）在确定目标时必须注意，即你所订的目标的确是自己想做的事。

（3）目标是可测性的，不能把"我要看很多书""我要干出更多的工作成绩"这种模糊不清的目标拽入自我领域。

如果忽略了这三点，目标可能成为悬崖上的红果，可望而不可即。"一个人要是没有确定航行的目的港，任何风向对他来说都不是顺风。"但是如果通往这个目的港的路上有太多的礁石，很可能这种航行等于毁灭！

现代的职业女性要面对的不仅是新世纪的不安定、不可测的多变经营环境，同时还要面对来自上司的压力，来自公司同事和部属的挑战，来自公司经营策略的变化……这群人所面对的生存的压力与危机绝不是努力加苦干就能应付的。因为，每天都会有新的竞争对手在她们身边不断涌现。此外，她们所面对的还将是市场竞争的不断加剧，利润空间的无限压缩，而压力也绝非仅仅来自外在的空间，更有自身的自危感受。

要想成为一个成功的女性，两个字："勤奋"。大多数的工作除了需要专业知识、晋升机会、人际关系，最不可或缺的其实就是孜孜不倦的勤奋工作。要成功和创造财富指望的并不是奇迹和幸运。

面对老板交给你的艰苦的任务，你需要竭尽全力，必要时牺牲一下休息时间也是应该的。事实上，你若想比常人取得更大的成绩，你付出的肯定要比常人多。一个员工切记要认真地去对待老板的每一个指令，否则你是很难成功的。与此同时，也应该掌握一个度，不至于因为过于疲劳而搞垮了身体。

一天24小时，8小时用来睡觉，剩下16小时则是工作和休闲的总和。如何处理好时间的有效配置以达到效用最大化，并不是一个很轻松的问题。

作为公司的核心员工，你一定会为了公司的前途而费心劳神，你甚至很想变成三头六臂的神仙来处理那些烦人的事务，在这种情况下，不妨给自己划出一个时间域，在这个时间域内不要被那些麻烦的工作所牵制，彻底地放松自己，给自己一个调整和松弛的机会，以便有更好的精力投入工作。

　　一个好的人生策划，不仅使你找准了方向，有了明确的奋斗目标，而且能让你合理并有效地利用好时间，从而让你轻松自如地迈向成功的彼岸。

　　可以平凡，但不可以平庸。平庸是对生命的不负责任，一个有思想的女人绝不会让自己平庸下去，不管结果如何，只有试过了才不后悔。天空中没有鸟的影子，但我已飞过。

　　做一个好女人难，做男人眼中成功的好女人更难。但很多女人还是做到了。

　　生活中，出色女性比比皆是。她们都是不甘于平庸的女性，要做就做到最好，是她们前进的动力，也是成功的先决条件。